跨阻放大器设计参考

于克泳 编著

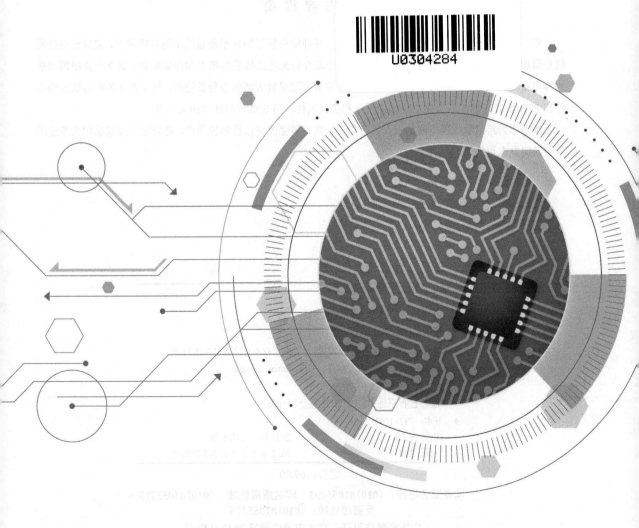

人民邮电出版社

北京

图书在版编目（CIP）数据

跨阻放大器设计参考 / 于克泳编著. -- 北京 : 人
民邮电出版社，2022.4（2022.9重印）
ISBN 978-7-115-58397-0

Ⅰ．①跨… Ⅱ．①于… Ⅲ．①前置放大器－电路设计
Ⅳ．①TN722.7

中国版本图书馆CIP数据核字(2021)第266727号

内 容 提 要

本书介绍了跨阻放大器的特点和相关参数，并详细讲解了如何平衡系统中的各项需求，完成光电检测信号调理电路的设计。本书内容分为 6 章，第 1 章介绍光电二极管的模型和性能参数，第 2 章介绍跨阻放大器电路的理论分析和稳定性补偿，第 3 章介绍常用运算放大器的型号及特点，第 4 章介绍跨阻放大器电路和 PCB 设计，第 5 章介绍电路辅助设计和仿真软件，第 6 章介绍其他相关内容。

本书作为跨阻放大器电路的设计参考用书，具有较强的可读性和应用性，适合电子技术等相关专业的学生及研发人员使用。

◆ 编　著　　于克泳
　　责任编辑　　李　强
　　责任印制　　马振武

◆ 人民邮电出版社出版发行　　北京市丰台区成寿寺路 11 号
　　邮编　100164　　电子邮件　315@ptpress.com.cn
　　网址　https://www.ptpress.com.cn
　　北京七彩京通数码快印有限公司印刷

◆ 开本：787×1092　1/16
　　印张：9.75　　　　　　　　2022 年 4 月第 1 版
　　字数：268 千字　　　　　　2022 年 9 月北京第 3 次印刷

定价：69.80 元

读者服务热线：(010)81055493　印装质量热线：(010)81055316
反盗版热线：(010)81055315
广告经营许可证：京东市监广登字 20170147 号

随着更深层次的改革开放，中国市场蕴含的机遇和巨大发展潜力，吸引着越来越多的企业参与到新技术革命中。大家都深刻认识到，产品不断创新是企业竞争力的关键所在，而人才又是技术突破的基石。但现实中很多企业都遇到了电子工程师不足的瓶颈，而模拟电路工程师更是缺乏。究其原因是模拟电路不同于数字电路，从入门到精通需要更长时间的经验积累。

ADI（Analog Devices, Inc.）是全球先进的半导体供应商，自 1995 年进入中国以来，在模拟、数字及混合信号处理等方面提供高性能的元器件，与合作伙伴一起推动新应用、新技术的发展。凭借自身卓越的信号链技术，ADI 在工业、仪器仪表、通信、汽车、医疗健康、消费等领域也不断地推出解决方案。

ADI 拥有业内高水平的现场应用工程师（FAE）团队，凭借过硬的技术能力，丰富的电路知识和实践经验，能够为客户提供优化的解决方案，规避设计中隐藏的潜在风险，解决系统调试过程中遇到的故障和疑难杂症，与客户共同创造具有竞争力的优秀产品。

2020 年 12 月，ADI 加大在中国的投资，实施本土化战略，ADI 中国（亚德诺投资有限公司）升级为在中国投资运营的总部型机构，拥有从需求调研、产品定义、研发、市场销售与运营的全方面能力。"in China, with China, for China（在中国、懂中国、为中国）"，希望 ADI 中国能给中国客户提供更好的产品，更强的技术支持，更优的客户体验，与合作伙伴一起打造科技的创新与未来。

我跟于克泳相识于 2009 年，严谨、睿智的工程师气质是他留给大家的第一印象。多年的共事也逐渐让大家（包括我们的客户）更加认可他的技术水平和应用能力，我们都亲切地称他为"于老师"。但他自己更喜欢"于工"的称呼，始终以工程师的角色，积极参与到客户项目开发的各个阶段。

光电检测是应用广泛的一种技术，跨阻放大器（TIA）是信号接收链路中非常关键的器件，它决定了系统的精度。如果工程师设计经验不足，就只能通过调试来摸索，不仅效率低下，而且可能得出错误的结论。就是在这样的背景下，作者基于多年的实践和技术积累，经过整理和归纳总结，完成了这本"授人以渔"的《跨阻放大器设计参考》。

希望阅读本书之后，读者也能基于系统需求，结合运算放大器的关键参数，完成跨阻放大器电路设计，还能够应用 LTspice 工具进行仿真和验证。现代大规模集成电路的发展日新月异，希望本书也能够成为传统模拟电路教材的补充参考资料。

ADI 中国 FAE Director

刘泊峰

2021 年 6 月

前言

光电检测应用结合了光学和电子技术，利用光电传感器把被测光信号转换成电信号，经过调理电路和数据采集系统，对信号进行测量和分析。光电检测具有精度高、速度快、非接触式的特点，广泛应用于工业、农业、医疗和通信等各个领域。

光电二极管体积小、灵敏度高、响应速度快，是最常用的光电传感器件之一。光电二极管的核心部分是一个半导体 PN 结，但在电路中并不是用于整流，而是用于光电转换。其他类型的光电传感器件，比如光电三极管、光电倍增管等，本书中并不涉及。

光电二极管输出的是电流信号，而数据采集系统接收的通常都是电压信号，因此需要一个"电流—电压"转换电路，目前主流的方案都是基于运算放大器（书中亦简称"运放"）来实现。这个运算放大器电路输入电流信号，输出电压信号，由于传递函数的量纲与电阻的量纲一致，所以常被称为跨阻放大器（Trans-impedance Amplifier，TIA）电路。

在跨阻放大器电路设计中，许多工程师根据经验知道要在反馈路径上添加一个电容，但添加的原因以及容值的选择，大多数人是一知半解的。这个电容也被称作补偿电容，能够提高整个电路的稳定性。但增加的补偿电容会与电路中的电阻、电容相互作用，在系统中引入新的极点和零点，处理不当反而会影响电路性能。

跨阻放大器电路的信号增益、系统带宽、响应速度、噪声大小等多项指标之间相互制约，设计电路时除了选择合适的运算放大器，还要对系统需求做出一定的折中和平衡。良好的信号调理模拟前端电路都追求最佳信噪比，这使得跨阻放大器电路设计成为一项具有挑战性的任务。

本书对跨阻放大器电路进行了完整介绍，基于理论分析，讲述设计注意事项，并结合仿真来验证。希望读者阅读本书之后，对跨阻放大器的理解能有一个全面提升，在以后的电路设计中，能够权衡各项指标需求，做到胸有成竹。文中引用的部分图表为器件供应商提供的数据手册翻译得来，由于笔者水平有限，书中难免有纰漏之处，敬请读者批评指正。

于克泳
2021 年 5 月
南京

关注公众号，输入 58397，
获取本书仿真源文件

第1章

光电二极管

光电二极管（Photodiode，PD 或 Photo-Diode）是一种基于半导体材料的光电传感器件，能够将接收到的光信号转化成电流信号输出。

1.1 光电效应

有些材料在接收到光辐射后，其电特性会发生变化，比如电导率改变、产生电动势、激发出电子等，这些现象统称为光电效应（Photoelectric effect）。

1.1.1 半导体材料

光电二极管的核心部分是半导体 PN 结，它并不是用于整流，而是利用半导体材料的光电效应，吸收入射的光子，激发出自由电子。

1. 掺杂

硅（Si）在元素周期表中的原子序号为 14，这意味着原子核外有 14 个电子围绕着原子核做旋转运动，根据核外电子排布规律，轨道分 3 层，从内到外每层的电子数量分别是 2 个、8 个、4 个。最外层的 4 个电子离原子核较远，受到的引力最小，容易在外界影响下发生变化，称为价电子（Valence electron）。

当若干个硅原子聚集在一起，每个原子核除了吸引自己的价电子，还会吸引相邻原子的价电子，结果相邻两个原子的价电子会被共同拥有，并且以成对的形式存在，这称为共价键（Covalent bond），共价键内的两个价电子称为束缚电子。硅晶体的共价键与束缚电子示意图如图1-1 所示，图中的数字"+4"表示原子核的价电子数量，并不是原子序号。

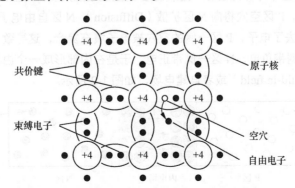

图1-1　硅晶体的共价键与束缚电子、自由电子和空穴

当温度为绝对零度 0K（–273.15℃）时，材料中所有的价电子都会被束缚在共价键中。如果温度升高或材料受到光辐射，价电子获得足够的能量后，挣脱共价键的束缚而成为自由电子，这个过程称为激发（Excitation）。价电子激发后，原来价电子所在的位置处会留下一个空位，该空位通常被看作带正电的粒子，称为空穴，此时电子和空穴形成电子–空穴对（Electron-Hole pair）。激发后的自由电子如果落回空穴，电子–空穴对消失，这个过程称为复合（Recombination）。硅晶体的自由电子和空穴示意图如图 1-1 所示。

本征半导体（Intrinsic semiconductor）是指不含杂质、结构完整、没有缺陷的纯净半导体晶体。硅是最常用的半导体材料之一，高纯度单晶硅是半导体硅器件的基础，纯度一般要求达到 99.999 9% 以上。掺杂（Doping）是在本征半导体材料中掺入价电子数目不同的其他元素，使其导电特性发生显著变化。硅有 4 个价电子，称为四价元素，掺入的一般是三价或五价元素。

如果在原本绝缘的纯净硅晶体中掺入三价元素，如硼（B）、镓（Ga）、铟（In）等，三价原子与相邻的硅原子间形成共价键后，由于三价元素的价电子只有 3 个，第四个共价键中缺少一个电子，就产生了一个空穴。掺杂三价元素后的硅材料，空穴的存在使其具有一定导电性，称为 P 型半导体。如果掺入五价元素，如磷（P）、砷（As）等，与相邻的硅原子间形成共价键后，会多出一个价电子，这个电子几乎不受束缚，很容易成为自由电子。掺杂五价元素后的硅材料，自由电子的存在也使其具有一定导电性，称为 N 型半导体。

自由电子带负电荷，在电场的作用下定向流动形成电流。空穴视为带正电荷，无法通过移动直接参与导电，但空穴可以吸引自由电子来填充，等同于跟电子流动方向相反的正电荷在导电。自由电子和空穴都称为自由载流子，简称载流子（Carrier）。半导体导电是基于载流子的定向运动实现的，因此 P 型半导体中空穴参与导电、N 型半导体中电子参与导电。

P 型和 N 型半导体中，根据载流子数量的不同，分为多数载流子（Majority carriers）和少数载流子（Minority carriers），分别简称为多子和少子。在 P 型半导体中，多子为空穴，少子为自由电子；在 N 型半导体中，多子为自由电子，少子为空穴。纯净的本征半导体中，也会有少量的价电子受热激发后变成自由电子，但同时也产生一个空穴，二者的数量相等，因此没有多子和少子的说法。

> **小提示**
> 表面看起来 P 型和 N 型半导体中空穴和电子的数量发生了变化，但掺入元素原子核携带的正电荷也相应地改变，实际上 P 型和 N 型半导体仍然呈电中性。

2. PN 结

将 P 型半导体和 N 型半导体结合在一起，由于 P 型区域空穴多，N 型区域自由电子多，两者交界处载流子存在浓度差，P 区空穴将向 N 区扩散（Diffusion），N 区自由电子将向 P 区扩散。于是在交界面处，N 区一侧失去了电子，P 区一侧的空穴被电子填充复合，这导致 P 区和 N 区原本的电中性都被破坏了：P 区一侧带负电，N 区一侧带正电。于是在内部形成一个由 N 区指向 P 区方向的电场，这称为内电场（Build-in field）或者自建电场，如图 1-2 所示。

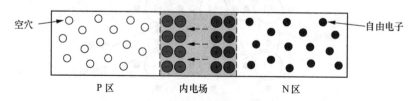

空穴　　　　　　　　　　　　　　　　　　　　　　　　　自由电子

P 区　　　　　　　内电场　　　　　　　N 区

图1-2　空间电荷区和内电场

内电场建立后，电势差将阻挡 P 区和 N 区多子继续扩散，就像在两个区域之间形成了一道壁垒，这称为 PN 结势垒，就是平时所说的 PN 结（PN Junction）。在 P 区和 N 区的交界区域，两边扩散过来的载流子相互复合，或者说消耗尽了，称为耗尽区（Depletion region，Depletion zone）或者耗尽层。

3. 能级、能带、禁带

能级、能带、禁带是研究晶体（包括导体、绝缘体和半导体等）原子核外电子运动规律的重要理论。

电子围绕原子核在轨道上做旋转运动，电子具有的能量状态定义为能级（Energy level），能级大小与运行轨道离原子核的远近相关。越靠近核的轨道，能级越低；离核越远的轨道，能级越高；相同轨道中的电子，能级相同。由于核外电子的轨道是分层的，因此电子的能级也不连续。能级在图形上用一条水平横线来代表，线的位置越靠上代表着能级越高，如图1-3（a）所示。

当若干个原子聚集在一起时，电子被互相干扰，即使在相同轨道中运行的电子，能量也会发生微小变化，导致原本相同的能级变成了差距很小的多个能级，这称为能级分裂。如果所有的能级都表示在图形上，就变成很多条横线，由于线与线之间的距离非常接近，连在一起形成一片，这些貌似带状的区域，称为能带，如图1-3（b）所示。

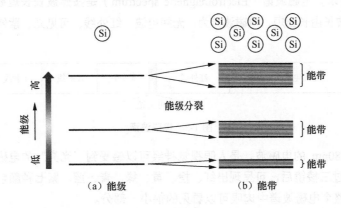

（a）能级　　　　　　　　　　　（b）能带

图1-3　能级和能带

当价电子被束缚在共价键中，所处的能带称为价带（Valence band）。价电子受到激发后变成自由电子，所处的能带称为导带（Conduction band）。导带中的电子可以自由移动，实现导电。

价电子只会在导带和价带之间跃迁，并不在中间停留，因此价带和导带之间没有能级分布。在图形上来看，两个能带之间会有一段空白区域，这称为能隙（Energy gap），也称禁带（Forbidden band）。导带、价带和禁带如图 1-4（a）所示。为了简化图形，强调能隙，通常只用两条线分别表示导带的底部和价带的顶部，如图1-4（b）所示。两条线之间的距离称为禁带宽度，用符号 E_g 来表示。

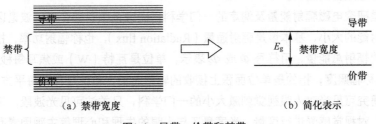

（a）禁带宽度　　　　　　　　　　　（b）简化表示

图1-4　导带、价带和禁带

禁带宽度 E_g 虽然名称中有一个宽度，但并非长度单位而是能量单位，指的是导带最低能级与价带最高能级之间的能量差，常用单位是 eV（electron volt，电子伏特）。1eV 是指一个电荷量为 e 的电子经过 1V 电位差加速后获得的动能，如果换算到 J（焦耳）：$1eV=1.6\times10^{-19}J$。

> **小提示**
>
> 一个电子所携带的电荷量称为基本电荷或元电荷，用符号 **e** 表示，是物理学中的基本常数之一。$e=1.6\times10^{-19}C$（库仑），任何带电体的电荷量都是 e 的整数倍。

1.1.2　光电特性

光电二极管的光电特性是指输出电压或输出电流与入射辐射之间的关系。不同的光电二极管，光电特性有明显差异。

1. 电磁波与光

电磁波（Electromagnetic wave）是以波动形式传播的电磁场，真空中传播速度为 299 792 458 m/s，简化为每秒 30 万千米。电磁波谱（Electromagnetic spectrum）是按照波长长短或频率高低对电磁波进行排列的，按照波长由长到短，电磁波分为：无线电波、红外线、可见光、紫外线、X 射线和 γ 射线，如图1-5 所示。

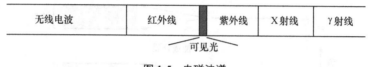

无线电波	红外线	紫外线	X 射线	γ 射线

可见光

图 1-5　电磁波谱

波长在 380～780nm 的电磁波，是人眼视觉神经可以感受到"光亮"的电磁辐射，称为可见光（Visible light），通过三棱镜后，可呈现出红、橙、黄、绿、青、蓝、紫七种颜色。可见光的本质也是电磁波，它只是整个电磁波谱中肉眼可以看见的很小一部分。

波长比红光更长，电磁波谱中 0.75～1 000μm 的一段，称为红外线（Infrared，IR）或红外辐射、红外光。波长比紫光更短，电磁波谱中 10～400nm 的一段，称为紫外线（Ultraviolet，UV）或紫外辐射、紫外光。

2. 光功率

电磁辐射是能量以电磁波的形式向周围空间扩散，简称辐射（Radiation）。在光与电磁辐射的研究中会遇到很多术语：辐射能、辐射功率、光功率、流明等。读者可能会感觉迷茫，这是因为辐射度学（Radiometry）和光度学（Photometry）是两套不同的度量体系，两者的研究方法和概念类似，甚至物理量符号也是相对应的。

辐射度学是研究电磁辐射能量及测定的一门学科，研究范围是整个电磁波谱区，采用能量单位来客观计量辐射能的大小，基本量是辐射通量（Radiation flux），也称辐射功率，指的是单位时间内通过某个区域的辐射总能量，用符号 Φ 或 Φ_e 表示，单位是瓦特（W）或焦耳每秒（J/s）。辐射照度（Irradiance）又称辐照度，指的是单位面积上接收的辐射通量，单位是瓦特每平方米（W/m^2）。

光度学是研究可见光对人眼视觉刺激大小的一门学科，只关注可见光波段，把光辐射与人眼响应特性相结合，对视觉感受进行度量。光度量还与人眼的生理和心理等主观因素有关，可以认为是辐射度量基于标准人眼视觉灵敏度特性的视见函数（Visual function）加权后的结果。

日常生活中提到的"光"，一般与照明相关，指的是人眼能够看到的可见光，效果通常都是以人眼的感受来评定，因此是用光度学来描述。但在光电探测应用中，需要对光辐射进行客观计量，因此应该用辐射度学进行定量描述。

在光电检测应用中，经常会用到入射光（Incident light）这个术语，虽然含有"光"字，但这是一个广义的光概念，不仅仅指可见光，还包括了电磁波谱中的红外辐射和紫外辐射。即使谈入射光功率，实际上也是辐射度学中的辐射功率概念，是以能量为单位对广义光辐射的客观定量描述，与人眼的视觉灵敏度无关。讨论光强度的时候，指的也是辐射强度。

光电检测中的光功率一般不大，实际应用中常以毫瓦（mW）或者分贝毫瓦（dBm）为单位。dBm 以 1mW 为基准，是一个表示功率绝对值的单位，mW 与 dBm 的换算公式为：dBm=10log（功率值/1mW）。两者的对应关系：1mW=0dBm，10mW=10dBm，1W=30dBm，小于 1mW 功率对应的 dBm 值为负，0.1mW=−10dBm。

3. 光子能量

科学家发现光既能像波一样传播，有时又表现出粒子的特性，称为"波粒二象性"。光在空间中传播是由运动着的粒子流组成，每个流动的粒子称为光子（Photon）。

每个光子携带的能量称为光子能量，这是一个微观的概念，它与光的频率 ν 或波长 λ 有关，用符号 E 表示。在传统物理学和数学中，频率一般用符号 f 表示，但在近现代物理学中，频率通常用小写希腊字母 ν 来表示。光子能量 E 的计算公式：

$$E = h\nu = h \cdot \frac{c}{\lambda}$$ （公式 1.1）

公式 1.1 中：普朗克常数 $h = 6.626 \times 10^{-34}$（J・s）；光速 $c = 3 \times 10^8$（m/s）；ν 为入射光频率，单位为赫兹（Hz）；λ 为入射光波长。

将普朗克常数 h 和光速 c 的数值代入计算公式，得到光子能量 E 的另一个常用表达式：

$$E = h \cdot \frac{c}{\lambda} = \frac{1\,240}{\lambda}(\text{eV})$$ （公式 1.2）

公式 1.2 中，入射光波长 λ 的单位为纳米（nm）。光子能量 E 的单位是 eV。

> **小提示**
> 　　表示频率的字母"ν"，不是英文中的小写"v"，而是小写希腊字母中的第 13 个，音标为 [nju:]，发音同英文单词"new"相同。

4. 光电转换

携带能量的光子进入 PN 结后，如果光子的能量大于材料的禁带宽度，即在 $h\nu \geq E_g$ 情况下，光子把自身的能量传给最外层的价电子，使其越过禁带变成导带中的自由电子，在原来的位置留下一个空穴，示意如图1-6所示。此时的自由电子和空穴，统称光生载流子，自由电子也被称为光电子。光子将电子从低能态激发到高能态之后消失，常称为光子被原子吸收了。但在 $h\nu < E_g$ 的情况下，无论材料被照射多长的时间，光子的能量都不足以激发出电子。

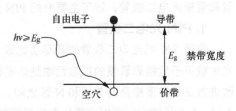

图1-6　光生电子-空穴对

5. 截止波长

产生光电效应需要满足 $h\nu \geq E_g$ 的条件，由于波长 λ 越长，光子能量 $h\nu$ 越小，因此会存在着一个波长的临界值：当 λ 小于此值时能够产生光电效应，一旦大于此值将无法产生光电效应。这个临界波长称为截止波长（Cutoff wavelength）或极限波长，用符号 λ_g 表示，对应的频率称为极限频率。

截止波长 λ_g 由材料的禁带宽度 E_g 决定，计算公式：

$$\lambda_g = \frac{h \cdot c}{E_g} = \frac{1\,240}{E_g}(\text{nm})$$

（公式 1.3）

公式 1.3 中：禁带宽度 E_g 以 eV 为单位，极限波长 λ_g 以 nm 为单位。

不同材料的禁带宽度 E_g 是不一样的，以目前制造光电二极管的常用材料硅（Si）、锗（Ge）、铟镓砷（InGaAs）等为例，在室温 27℃（300K）条件下其禁带宽度和极限波长如表1-1 所示。

表1-1　常用材料的禁带宽度和极限波长

材料	禁带宽度 E_g/eV	极限波长 λ_g/nm
硅（Si）	1.12	~1 100
锗（Ge）	0.66	~1 880
砷化镓（GaAs）	1.42	~870
铟镓砷（In$_{0.53}$Ga$_{0.47}$As）	0.75	~1 653

硅是最常用的半导体材料之一，基于其禁带宽度，硅材料光电二极管只能检测波长低于 1100nm 的光辐射，无法满足近红外检测的应用。铟镓砷（InGaAs）材料的禁带宽度与铟和镓的占比相关，以 In$_{0.53}$GA$_{0.47}$As 为例，它的禁带宽度比硅小，因此能够检测波长更长的近红外光。

1.2　光电二极管

光电二极管是光电检测中最常用的传感器件之一，将接收到的入射光辐射转换成电流输出，具有体积小、灵敏度高、响应速度快的特点。

1.2.1　常见类型

光电二极管的型号众多，按照产品特征和应用场景，有着不同的分类和命名方式。

根据光谱响应波长范围分类，光电二极管可以分为紫外、蓝绿光增强、可见光、IR 红外、NIR 近红外、近红外增强、远红外等类型。

光电二极管的制造材料，常见的有硅（Si）和铟镓砷（InGaAs）。铟镓砷比硅的禁带宽度小，可以检测到更长的波长，常用于近红外光检测。锗（Ge）光电二极管比较少见，因为锗管比硅管的暗电流和温度系数大。

根据光电二极管的物理结构分类，常见的有 PN 结光电二极管（PN Photodiode）、PIN 光电二极管和雪崩光电二极管，以下主要介绍 PIN 光电二极管和雪崩光电二极管。

1. PIN 光电二极管

普通 PN 结光电二极管的耗尽层比较窄，光电转换效率低，由于耗尽层外没有内电场的存在，光生载流子只能靠较慢的扩散运动到达电极两端，这就导致其响应速度慢，不适合高频应用。一种改进方法是在重掺杂的 P 区和 N 区之间，加入一层接近本征半导体材料的区域，称为 I 区。由于有 P、I、N 3 层结构，所以这类光电二极管被称为 PIN 光电二极管，简称 PIN 管。

PIN 光电二极管由于增加了 I 区，在 P 区和 N 区之间会形成很宽的耗尽层，光生载流子在内电场的作用下，能够快速通过 PN 结，从而提高了响应速度和信号带宽。PIN 光电二极管还具有噪声小、可靠性高、使用方便的特点，主要用于精密光电检测和高速光通信领域。由于每个入射光子最多只能激发出一个自由电子，因此输出光电流一般不会太大。

2. 雪崩光电二极管

光电检测应用中，在相同的光辐射条件下，总是希望光电二极管输出的光电流越大越好。雪崩光电二极管（Avalanche Photodiode，APD）就是利用 PN 结的雪崩倍增特性，产生更多的自由电子，使输出光电流大大增加，也被称为具有内部增益机制（Internal gain mechanism）的光电探测器件。

在 PN 结两端加上一个反向电压，随着电压的升高，内部电场也逐渐增强，被入射光子激发出来的自由电子经过电场加速，获得更多的动能。自由电子在高速运动中如果与其他原子发生碰撞，会把原本束缚在共价键中的价电子碰撞出来，产生新的自由电子-空穴对，这种现象称为碰撞电离（Ionizatoin by collision）。

碰撞电离产生的自由电子也会在电场的作用下加速，获得能量后如果碰撞其他原子，再一次发生碰撞电离，又会产生新的自由电子-空穴对。只要电场足够强，碰撞电离的过程就会不断重复，连锁反应的结果是自由电子的数量像"雪崩"一样迅速增加，这种现象称为雪崩倍增（Multiplication Avalanche），如图1-7 所示。利用 PN 结雪崩倍增特性制成的光电二极管称为雪崩光电二极管。

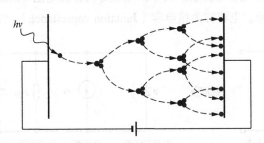

图1-7　光电二极管的雪崩倍增特性

除了能够对初级光电流进行放大，提高系统灵敏度之外，雪崩光电二极管还具有带宽高、响应速度快的特点，主要用于长距离、高速率通信及微弱光信号的检测。但雪崩光电二极管的暗电流和噪声都比 PIN 光电二极管的大，这将在"1.2.4 反偏模式"节介绍。

> **小提示**
> 　　实际应用中最常见的是按照"制造材料+物理结构"的方式对光电二极管进行分类，例如：**Si-PIN、Si-APD、InGaAs-PIN、InGaAs-APD 等。**

1.2.2　等效模型

等效电路模型（Equivalent circuit model）是基于实际器件的主要特性抽象而成，用一些基本元器件的串并联简单组合，去近似等效实际器件。

1. 输出光电流

光电效应激发出来的自由电子和空穴，在 PN 结内电场的作用下分别向两端运动：空穴被推向 P 极，自由电子被推向 N 极。如果光电二极管外部是开路的，光生载流子将聚集在两端，产生一个电动势，称为光生电动势。开路状态下光生电动势是最高的，称为开路电压（Open circuit voltage），

用符号 V_{OC} 表示，如图1-8（a）所示。

如果把光电二极管的正负极短接，光电子会通过外部导线流动形成电流，称为光生电流，简称光电流（Photocurrent）。短路状态下称短路电流（Short-circuit current），用符号 I_{SC} 表示，如图 1-8（b）所示。在 PN 结内部，光电流为 N 到 P 方向。

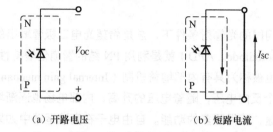

（a）开路电压　　　（b）短路电流

图1-8　开路电压和短路电流

开路电压 V_{OC} 与入射光功率之间呈对数关系，短路电流 I_{SC} 与入射光功率之间呈线性关系，因此光电检测中通常采用短路电流 I_{SC} 来测量入射光功率。

2. 等效电路模型

光电二极管的等效电路模型如图1-9所示，简化成一个理想二极管、一个与入射辐射强度成比例的电流源、一个电阻和一个电容相并联。其中的电阻称为分流电阻（Shunt resistance），也称结电阻或漏电阻，用符号 R_{SH} 表示。电容称为结电容（Junction capacitance），也称分流电容，用符号 C_J 或 C_{SH} 表示。

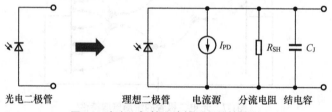

光电二极管　　　　　理想二极管　电流源　分流电阻 结电容

图1-9　光电二极管电路符号和等效模型

分流电阻 R_{SH} 是光电二极管在反向条件下的电阻，通常在没有光照的情况下，对光电二极管施加 10mV 反向电压，根据反向电流 $I_{PD}\big|_{(V_R=10\text{mV})}$ 计算得到：

$$R_{SH} = \frac{10\text{mV}}{I_{PD}\big|_{(V_R=10\text{mV})}}(\Omega) \qquad （公式 1.4）$$

分流电阻 R_{SH} 的理想值是无穷大的，实际值一般在兆欧（MΩ）到吉欧（GΩ）级别。由于 R_{SH} 的值都非常大，对电路的影响很小，所以在多数电路分析中可能忽略分流电阻的存在。

光电二极管的分流电阻 R_{SH} 会随温度变化而发生变化，数据手册中会提供分流电阻的温度特性曲线，以 Hamamatsu 滨松公司的铟镓砷 PIN 光电二极管 G12181 系列为例，如图1-10（a）所示。选择其中 G12181-030K/-130K/-230K 曲线为例，分流电阻在 20℃时大约为 600kΩ，在-40℃时升高到 60MΩ 左右，而在 85℃时只有 6kΩ 左右。

结电容 C_J 是光电二极管内部 PN 结的寄生电容，一般在几皮法到几千皮法，对响应速度和带宽有很大影响。结电容 C_J 与光电二极管的感光面积和反偏电压相关，数据手册中会提供结电容 C_J 的特性曲线，以 Hamamatsu 滨松公司的铟镓砷 PIN 光电二极管 G12181 系列为例，如图1-10（b）所示。

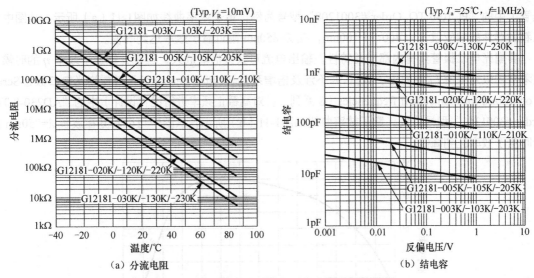

（a）分流电阻　　　　　　　　　　　　（b）结电容

图1-10　分流电阻和结电容（HamamatsuG12181）

光电二极管的封装导致电路中还存在寄生电容，有些厂家会把结电容和寄生电容合并在一起，统称为终端电容（Terminal capacitance），用符号 C_T 来表示，这个数据对应用来说更加实用。

光电二极管封装中由于引线和接触点的存在，电路中会引入很小的电阻，因此有的等效电路模型中会增加一个串联输出电阻，简称串联电阻（Series resistance），用符号 R_S 表示。由于串联电阻 R_S 只有欧姆（Ω，ohm）级别甚至更小，所以在大多数电路分析中会忽略它。

> **小提示**
> 在跨阻放大器的电路分析中，光电二极管的分流电阻 R_{SH} 和结电容 C_J 是最需要关注的两个参数指标。

1.2.3　光谱响应

光电二极管的光谱响应（Spectral response）考察的是不同波长 λ 情况下的响应特性，包括量子效率和响应度两个指标。光谱响应特性以曲线的形式给出，横轴为入射波长 λ，纵轴为考察的响应特性。

1. 量子效率

量子效率（Quantum efficiency）是描述光电二极管光电转换能力的参数，定义为平均单位时间内产生的电子数量与入射光子数量之比，缩写为 Q.E. 或 QE，用符号 η 或 η_Q 来表示。量子效率与波长 λ 相关，常用符号 $\eta(\lambda)$ 表示，数学表达式为：

$$\eta(\lambda) = \frac{\text{单位时间内产生的电子数量}}{\text{单位时间内入射的光子数量}} \qquad （公式 1.5）$$

量子效率 η 是一个无量纲值，一般用百分比（%）或者小数来描述。理想情况下每一个入射光子都能激发出一个电子，此时量子效率 η=1.0。而在实际的光电二极管中，有一部分光子会在入射面上被反射，耗尽区对光子的吸收系数也不一样，因此量子效率 η 的值总会小于 1.0。量子效率 η 的数值越高，代表光电二极管光电转换能力越强。

光电二极管器件数据手册中会提供量子效率 η 与波长 λ 的关系图。以 First Sensor 公司硅 PIN 光电二极管 Series 6: IR photodiodes with minimal dark current（6 系列：具有超低暗电流的红外光电二极管）中的"PC10-6 TO, Order #3001208"型号为例，量子效率曲线如图1-11（a）所示。从图中可以看到器件的响应波长为400～1 100nm，在$\lambda=850$nm附近量子效率达到峰值。

雪崩光电二极管具有内部增益特性，输出电流可获得倍增放大，但在计算量子效率η的时候，只考察初级光电流I_{p0}中的电子数量，并不涉及倍增系数。以First Sensor公司硅雪崩光电二极管Series 8: optimized for high cut-off frequencies（8系列：针对高截止频率进行优化设计）中的"AD230-8 TO, Order #3001341"型号为例，量子效率曲线如图1-11（b）所示，从图中可以看到在波长$\lambda=750$nm附近时量子效率达到峰值。

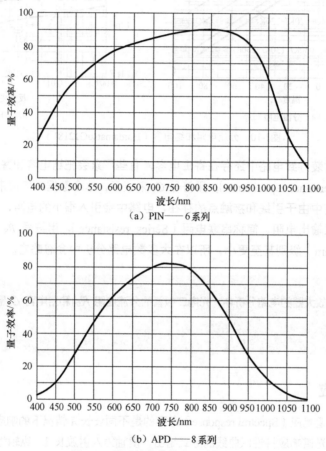

（a）PIN——6系列

（b）APD——8系列

图1-11　量子效率曲线（First Sensor）

2. 响应度

响应度（Responsivity）是描述光电二极管输出光电流与入射辐射功率之间的关系，与波长λ相关，常用符号$R(\lambda)$表示。响应度有时称为响应率或者光灵敏度（Photo sensitivity），用符号S表示。

假定入射辐射波长为λ，入射辐射功率为P_{in}，单位为W（瓦），光电二极管平均输出光电流为I_{ph}，单位为A（安），响应度$R(\lambda)$的计算公式为：

$$R(\lambda)=\frac{I_{\text{ph}}}{P_{\text{in}}}(\text{A}/\text{W}) \tag{公式1.6}$$

响应度$R(\lambda)$一般随波长λ的增加而逐渐增大，达到一个峰值后开始下降，在极限波长处，降低到0。光电二极管器件数据手册的参数表中会提供某些波长条件下的响应度数值，以First Sensor公司的InGaAs铟镓砷PIN光电二极管"PC0.7-ix TO，Order #3001213"为例，响应度参数如图1-12

所示。

参数	测试条件	Min（最小值）	Typ（典型值）	Max（最大值）	单位
响应度	$\lambda=650$ nm	0.20	0.30	—	$A \cdot W^{-1}$
	$\lambda=850$ nm	0.40	0.50	—	$A \cdot W^{-1}$
	$\lambda=1\,310$ nm	0.80	0.90	—	$A \cdot W^{-1}$
	$\lambda=1\,550$ nm	0.85	0.95	—	$A \cdot W^{-1}$

图1-12　响应度参数（First Sensor）

器件数据手册的附图中也会提供响应度 R 与波长 λ 的关系曲线，如图1-13所示。

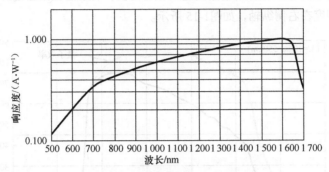

图1-13　响应度曲线（First Sensor）

雪崩光电二极管具有内部增益特性，输出电流获得了倍增放大，查看响应度 $R(\lambda)$ 曲线时需要注意倍增系数 M 的测试条件。有些器件数据手册中会给出不同 M 值的响应度 $R(\lambda)$ 曲线，以 Hamamatsu 滨松公司的硅雪崩光电二极管 S12092 为例，在 $M=50$ 和 $M=100$ 两种条件下的响应度曲线如图 1-14 所示。（注：关于倍增系数 M 将在 "1.2.4 反偏模式" 节介绍。）

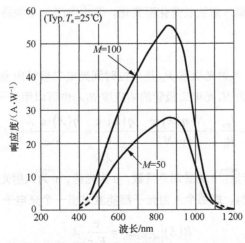

图1-14　不同倍增系数下的响应度曲线（Hamamatsu S12092）

> **小提示**
> 　量子效率和响应度都是对光电二极管转换效率的定量描述。量子效率是从入射光子和光电子的微观角度描述，响应度是从入射光功率和输出光电流的宏观角度描述。

响应度最大值对应的波长称为峰值灵敏度波长（Peak sensitivity wavelength），用符号 λ_m 表示，响应度峰值用符号 $R(\lambda_m)$ 表示。有些文献中为了对比不同波长条件下响应度的相对变化，基于响应度峰值 $R(\lambda_m)$，对响应度 $R(\lambda)$ 进行归一化处理，称为相对灵敏度（Relative sensitivity），用符号 $R_s(\lambda)$ 表示：

$$R_s(\lambda) = \frac{R(\lambda)}{R(\lambda_m)}$$
（公式 1.7）

1. 量子效率和响应度

有些光电二极管器件的数据手册中，会把量子效率和响应度曲线放在同一张图中。以 LASER COMPONENTS 公司 IAG 系列铟镓砷雪崩光电二极管为例，响应度 $R(\lambda)$ 曲线的刻度在左侧纵轴，量子效率 $\eta(\lambda)$ 曲线的刻度在右侧纵轴，如图1-15 所示。

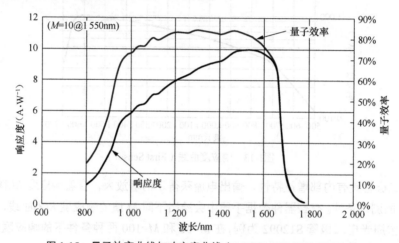

图 1-15　量子效率曲线与响应度曲线（LASER COMPONENTS）

量子效率和响应度都会随入射波长变化而变化，但响应度 $R(\lambda)$ 的峰值波长与量子效率 $\eta(\lambda)$ 的峰值波长不一定是相同的。

2. 响应度曲线

每个光子的能量是 $h\nu$，入射光功率 P_{in} 是单位时间光电二极管内通过的所有光子的能量总和。假定单位时间内光子的总量为 N，光电二极管的响应度 $R(\lambda)$ 也可以用量子效率 $\eta(\lambda)$ 和波长 λ 来计算：

$$R(\lambda) = \frac{I_{ph}}{P_{in}} = \frac{N \cdot \eta(\lambda) \cdot e}{h\nu \cdot N} = \frac{\eta(\lambda) \cdot e}{h \cdot \frac{c}{\lambda}} = \frac{\eta(\lambda) \cdot e \cdot \lambda}{h \cdot c} (A/W)$$
（公式 1.8）

公式 1.8 中 e 为电子电荷量，h 为普朗克常数，c 为光速，ν 为入射光频率，λ 为入射光波长。

假定量子效率 $\eta(\lambda)=100\%$，即每个入射光子都能激发出一个光电子，此时响应度 $R(\lambda)$ 为：

$$R(\lambda)\big|_{\eta(\lambda)=100\%} = \frac{e}{h \cdot c} \cdot \lambda$$
（公式 1.9）

可以看出，在量子效率为 100% 的理想情况下，响应度 $R(\lambda)$ 与入射波长 λ 之间呈线性关系，从图形上看会是一条斜率为 $e/(h \cdot c)$ 的直线，通常会用一条斜虚线来表示，如图 1-16（a）所示。有时为了直观对比不同波长情况下的响应度与量子效率，还可能标出量子效率为 90%、70% 等对应的斜虚线，如图1-16（b）所示。如果在图形上量子效率斜线看起来不是从原点引出，那是因为横轴坐标并不是从 0nm 开始。

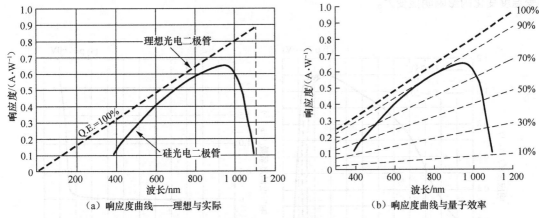

（a）响应度曲线——理想与实际　　　　　　（b）响应度曲线与量子效率

图1-16　响应度曲线

3. 材料对比

光电二极管光谱响应的波长上限由制造材料的禁带宽度 E_g 决定。硅材料的波长上限大约为 1 100nm，锗材料的波长上限大约为 1 800nm，铟镓砷材料以 $In_{0.53}Ga_{0.47}As$ 为例，波长上限大约为 1 700nm。（注：材料的禁带宽度 E_g 和极限波长 λ_g，请回顾"1.1 光电效应"节。）

图1-17 中显示了硅材料与铟镓砷材料的典型光谱响应特性，一般来说，硅材料的响应波长在 400～1 100nm，铟镓砷材料的响应波长在 900～1 700nm。

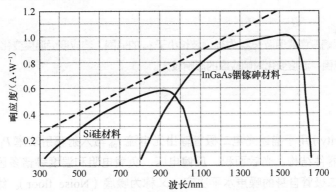

图1-17　典型光谱响应特性——硅材料和铟镓砷材料

波长越短，频率越高，理论上光谱响应的波长并无下限，但入射波长较短的时候，材料表面的反射会造成入射能量的损失，入射光在光电二极管耗尽层中的传播也会被吸收，因此波长较短的区域，光电二极管的响应度数值会迅速降低。

4. 温度特性

光电二极管器件数据手册参数表中的响应度数值，一般是在室温（23℃、25℃或 27℃）条件下的测试结果，当环境温度改变，响应度一般也会发生变化。数据手册的附图中通常会给出几个典型温度条件下的响应度曲线，或者给出灵敏度温度系数（Temperature coefficient of sensitivity）曲线。

以 Hamamatsu 滨松公司的铟镓砷 PIN 光电二极管 G12181 系列型号为例，数据手册中给出 25℃、–10℃、–20℃三种温度条件下的响应度曲线如图1-18（a）所示，响应度温度系数曲线如图1-18（b）

所示，图中看出，波长低于 1 800nm 时，响应度受温度的影响较小，波长超过 1 800nm 之后，响应度受温度变化的影响明显变大。

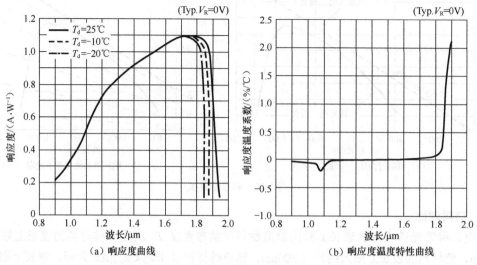

（a）响应度曲线 （b）响应度温度特性曲线

图1-18　响应度温度特性（Hamamatsu G12181）

环境温度的变化会导致光电二极管参数指标发生改变，因此精密测量器件中可能会增加恒温控制措施，减少外部温度变化对光电二极管的影响。

> **小提示**
> 通常以响应度峰值波长 λ_m 为界，波长小于 λ_m 的范围，响应度受温度变化的影响较小，波长大于 λ_m 的范围，温度变化对响应度的影响较大。

5. 线性度

线性度（Linearity）用于描述光电二极管输出光电流 I_{ph} 与入射辐射功率 P_{in} 之间保持线性关系的程度和范围，与器件结构、光敏面积、反偏电压、负载电阻和温度等诸多因素相关。线性范围的下限一般由光电二极管自身的噪声水平决定，又称为噪底（Noise floor）。线性范围的上限与光电二极管的负载电阻和反偏电压等条件相关，线性度变差的下限又称为饱和极限（Saturation limit）。

光电二极管的线性度特性通常以曲线形式给出，以 Hamamatsu 滨松公司硅 PIN 光电二极管 S13773 型号为例，其线性度曲线如图1-19（a）所示，横轴为入射光功率，纵轴为输出光电流。由于光电二极管在很大范围内保持良好的线性度，坐标轴采用了双对数刻度。

光电二极管的非线性度（Non-linearity）特性会采用相对灵敏度（Relative sensitivity）来表达，描述的是线性度偏离 100% 的程度。以 Hamamatsu 滨松公司的铟镓砷 PIN 光电二极管 G12180 系列型号为例，相对灵敏度曲线如图1-19（b）所示。在入射功率小于 6mW 时，光电二极管保持着良好的线性度，随着入射光功率的增大，线性度开始下降。

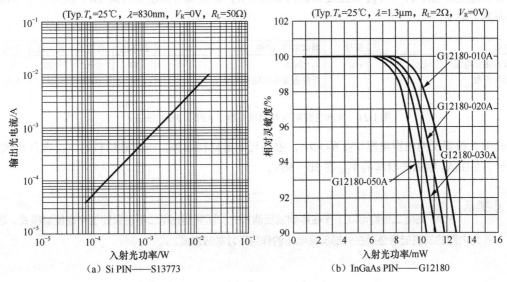

图1-19 线性度（Hamamatsu）

1.2.4 反偏模式

光电二极管工作时，如果两个电极之间的电压差为零，此时光电二极管处于零偏模式（Zero bias mode）；如果两个电极之间存在着反向偏置电压，光电二极管则处于反偏模式（Reverse bias mode）。

1. 反向击穿电压

加在光电二极管两端的反向偏置电压，简称反偏电压或者偏置电压，一般用 V_{Bias} 或 V_R 来表示。没有光照的条件下，给 PN 结施加反偏电压后会有一个微小的反向电流 I_R 经过 PN 结，在一定范围内，这个电流基本不随反偏电压的变化而改变，称为反向饱和电流。

当反偏电压 V_{Bias} 增大到一定程度，反向饱和电流 I_R 会突然急剧增大，这称为 PN 结的反向击穿。把反向饱和电流增大到某一数值时对应的反偏电压大小，定义为光电二极管的反向击穿电压（Breakdown voltage），简称击穿电压，用符号 V_{BR} 表示。反向饱和电流 I_R 的门限随厂家和型号而异，有的是 $I_R=2\mu A$，有的是 $I_R=10\mu A$。从电流门限值也可以看出，这个反向击穿并没有破坏 PN 结，撤去反偏电压后，并不会对光电二极管造成永久损伤。

以 First Sensor 公司硅 PIN 光电二极管 Series 6: IR photodiodes with minimal dark current（6 系列：具有超低暗电流的红外光电二极管）中的 "PC10-6 TO, Order #3001208" 型号为例，反向击穿电压参数如图1-20 所示。在反向电流 $I_R=2\mu A$ 的测试条件下，反向击穿电压 $V_{BR}=30V$（最小值）。

参数	符号	测试条件/注释	最小值	典型值	最大值	单位
反向击穿电压	V_{BR}	$I_R = 2\,\mu A$	30	—	—	V

图 1-20 反向击穿电压（PIN，First Sensor）

雪崩光电二极管的反向击穿电压 V_{BR} 要比 PIN 光电二极管的高得多。以 First Sensor 公司硅雪崩光电二极管 Series 8: optimized for high cut-off frequencies（8 系列：针对高截止频率进行优化设计）中的 "AD230-8 TO, Order #3001341" 型号为例，如图 1-21 所示，在 $I_R=2\mu A$ 的测试条件下，反向击穿电压 $V_{BR}=80V$（最小值）。

光电二极管的反向击穿电压 V_{BR} 随温度的变化而变化，数据手册中会给出温度系数，一般用 V/K

或%/K 来描述。图1-21 中 V_{BR} 的温度系数为 0.45V/K，这意味着温度每升高 1K，反向击穿电压 V_{BR} 的值升高 0.45V。

参数	符号	测试条件/注释	最小值	典型值	最大值	单位
反向击穿电压	V_{BR}	I_R=2 μA	80	—	120	V
温度系数		反向击穿电压随温度变化	—	0.45	—	V/K

图 1-21 反向击穿电压与温度系数（APD，First Sensor）

光电二极管反向击穿电压 V_{BR} 的大小，主要与制造材料相关，一般硅材料的 V_{BR} 在几十伏甚至几百伏，InGaAs 铟镓砷材料的 V_{BR} 在 30～50V。

> **小提示**
>   PIN 光电二极管可以工作在零偏或反偏模式，而雪崩光电二极管只能工作在反偏模式，因为内部的雪崩倍增必须在外部反偏电压的作用下才能被激发。

2. 平均倍增因子

雪崩光电二极管是利用雪崩倍增效应获得输出光电流增益的，倍增因子（Multiplication factor）用来描述电流倍增的程度，也称倍增系数（Multiplication ratio）或电流增益系数，一般用符号 M 或 G 来表示。定义雪崩光电二极管倍增前的初级光电流为 I_{p0}，倍增后的输出光电流为 I_{ph}，倍增因子 M 的计算公式为：

$$M = \frac{I_{ph}}{I_{p0}}$$

（公式 1.10）

倍增因子 M 是一个无量纲值，是指初级光电流 I_{p0} 经过雪崩倍增之后获得了 M 倍放大。雪崩倍增过程中，初级光生电子-空穴的产生位置，碰撞电离的发生位置，倍增后电子-空穴对的数量，这些都是随机的。从微观来看，每个光电子经历的雪崩倍增过程都不相同，因此倍增因子 M 值是一个平均的统计结果，也称平均倍增因子，用符号 <M> 来表示。

雪崩光电二极管的倍增因子 M 与反偏电压 V_{Bias} 之间有一个经验公式：

$$M = \frac{1}{1 - \left(\dfrac{V_{Bias}}{V_{BR}} \right)^n}$$

（公式 1.11）

公式 1.11 中：V_{BR} 是反向击穿电压，V_{Bias} 是实际施加的反偏电压。指数 n 是与器件材料、掺杂浓度、器件结构以及入射波长相关的参数，一般硅材料器件 n=1.5～4.0，锗材料器件 n=2.5～3.0。但实际应用中通常并不采用公式 1.11 来计算倍增因子 M，而是在器件数据手册中查找倍增因子 M 与反偏电压 V_{Bias} 之间的关系曲线。

温度变化对倍增因子 M 的影响十分明显，光电二极管器件数据手册的附图中会提供不同温度条件下的倍增因子曲线。以 First Sensor 公司硅雪崩光电二极管 Series 8: optimized for high cut-off frequencies–650 nm-850 nm[8 系列：针对高截止频率进行优化设计（650～850nm）]中的"AD230-8 TO, Order #3001341"型号为例，如图1-22 所示。

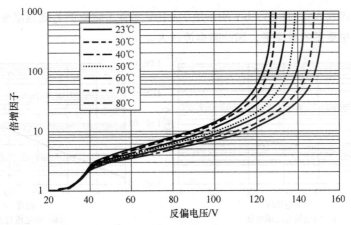

图1-22 温度变化对倍增因子的影响（First Sensor）

以 23℃曲线为例，在 V_{Bias} 很低的时候，$M=1$，没有倍增效应；随着 V_{Bias} 电压的增加，M 值逐渐增大，雪崩倍增效应越来越明显；当 V_{Bias} 超过 100V 后，M 值急剧变大，这就是反向击穿。对比不同温度条件下的曲线，变化趋势是类似的，但相同的 V_{Bias} 情况下，温度越高倍增因子 M 值越低，或者说倍增因子 M 呈负温度系数。

实际应用中如果工作环境的温度范围很大，为了保证系统增益的稳定性，需要对倍增因子 M 进行补偿。常见的方式就是增加半导体制冷器（Thermoelectric cooler，TEC）来控制温度，维持雪崩光电二极管工作温度的恒定。（注：关于半导体制冷将在"6.4 温度控制"一节中讲述。）

> **小提示**
> PIN 光电二极管不具有内部电流增益特性，即使谈倍增因子也是 $M=1$。提及倍增因子 M 时，通常是指雪崩光电二极管。

3. 暗电流

光电二极管工作在反偏模式下，即使没有光照，反偏电压 V_{Bias} 也会造成一个微小的反向电流 I_R 经过 PN 结，这个电流被形象地称为暗电流（Dark current），一般用符号 I_d 或 I_{dark} 来表示。在微弱信号精密测量的应用中，暗电流带来的误差需要测量并校正。

光电二极管的暗电流 I_d 与器件的材料、类型、尺寸、反偏电压及温度都相关，一般在皮安（pA）或纳安（nA）级别。从制造材料来说，通常硅光电二极管要比锗光电二极管的暗电流小；从有源区光敏面积来说，面积越大，暗电流越大；从反偏电压来说，电压越高，暗电流越大。

光电二极管器件数据手册的参数表中会提供暗电流指标，但需要注意测试条件，对于 PIN 光电二极管，有些选择反偏电压 $V_R=10mV$，有些选择 $V_R=5V$ 或 $V_R=10V$；而对于雪崩光电二极管，暗电流测试条件一般选择 $V_R=0.9 \times V_{BR}$。有些器件还会提供暗电流温度系数（Temperature coefficient of Id，TCID），以 Hamamatsu 滨松公司的硅光电二极管 S1336 系列为例，其 TCID 为 1.15，单位为 times/℃（每摄氏度暗电流变化的倍数），意味着温度每变化 1℃，暗电流发生 15%的变化。

光电二极管器件数据手册的附图中也会提供暗电流随反偏电压变化的曲线，以 First Sensor 公司硅 PIN 光电二极管 Series 6: IR photodiodes with minimal dark current（6 系列：具有超低暗电流的红外光电二极管）中的"PC10-6 TO, Order #3001208"型号为例，在 23℃条件下的曲线如图1-23（a）所示。反偏电压越高，光电二极管 PN 结内部的电场越强，热激发产生的载流子就更容易被驱动形成电流，因此暗电流越大。图1-23（b）所示是 V_R=10V 条件下暗电流 I_d 随温度变化的曲线，环境温度越高，热激发产生更多的载流子，因此暗电流越大。

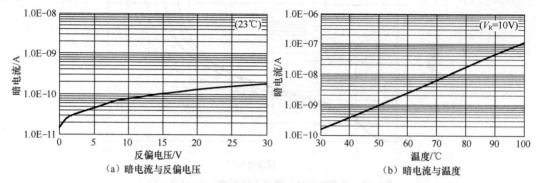

（a）暗电流与反偏电压　　　　　　　　　（b）暗电流与温度

图1-23　暗电流随反偏电压及温度变化的曲线（First Sensor）

雪崩光电二极管的暗电流可以分为两部分：表面漏电流（Surface leakage current）和本体暗电流（Bulk current）。表面漏电流是材料表面的缺陷、清洁程度等引起的漏电流，一般用符号 I_{ds} 表示。本体暗电流是 PN 结中热激发产生的载流子在电场作用下形成的电流，一般用符号 I_{db} 或 I_{dg} 表示。

表面漏电流 I_{ds} 只发生在材料表面，不经过雪崩倍增区，因此与倍增因子 M 无关。本体暗电流 I_{db} 与倍增因子 M 相关，假定 I_{db0} 是倍增前的初级本体暗电流，雪崩光电二极管的总暗电流 $I_{d(APD)}$ 表达式为：

$$I_{d(APD)} = I_{ds} + I_{db} = I_{ds} + M \times I_{db0} \qquad （公式 1.12）$$

温度变化对雪崩光电二极管暗电流 I_d 的影响也十分明显，数据手册中会提供不同温度条件下的暗电流曲线。以 First Sensor 公司硅雪崩光电二极管 Series 8: optimized for high cut-off frequencies – 650 nm - 850 nm[8 系列：针对高截止频率进行优化设计（650～850nm）]中的"AD230-8 TO, Order #3001341"型号为例，如图 1-24 所示。不同温度条件下，暗电流随反偏电压变化的曲线是不同的。

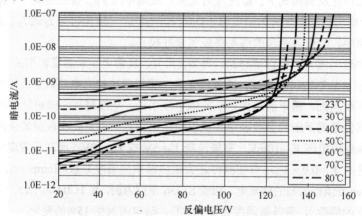

图1-24　暗电流随反偏电压变化的曲线（APD，First Sensor）

雪崩光电二极管具有内部增益特性，讨论暗电流时要指明是初级暗电流还是倍增后暗电流。由于倍增因子 M 值比较大，暗电流一般主要由本体暗电流贡献。

4. 结电容

对光电二极管施加反偏电压后，内部 PN 结耗尽层的宽度增加，因此结电容 C_J 变小。器件数据手册中一般会提供结电容 C_J 与反偏电压 V_{Bias} 的关系曲线。

硅 PIN 光电二极管以 First Sensor 公司 Series 6: IR photodiodes with minimal dark current（6 系列：具有超低暗电流的红外光电二极管）中 "PC10-6 TO, Order #3001208" 型号为例，没有施加反偏电压时，结电容有 70pF，随着反偏电压的升高，结电容迅速减少到 20pF 以下，如图 1-25（a）所示。硅雪崩光电二极管以 First Sensor 公司 Series 9: with enhanced NIR sensitivity – 900 nm[9 系列：近红外敏感增强型（900nm）]中的 "AD230-9 TO, Order #3001345" 型号为例，结电容与反向偏置电压的关系曲线如图1-25（b）所示。

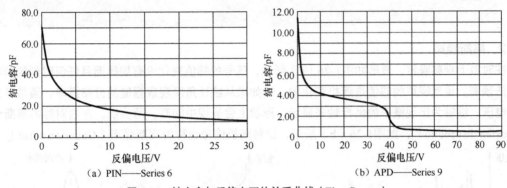

（a）PIN——Series 6　　　　　　　　　（b）APD——Series 9

图 1-25　结电容与反偏电压的关系曲线（First Sensor）

小提示
　　　对光电二极管施加的反偏电压越高，结电容越小，但受限于反向击穿电压，反偏电压不能无限增加。另外，反偏电压越高，会造成更大的暗电流。

1.3　噪声分析

噪声是一种随机信号，是电路的固有特性，它无处不在而且混在有用信号之中。严格来说，噪声也是一种信号，因此研究噪声特性时，也常称其为噪声信号。

1.3.1　概述

特征参数不随时间变化的随机过程称为平稳随机过程，电路中的噪声一般也属于此类特征参数。以下从不同的角度，分析不同的噪声成分。

1. 域

数字信号分析与处理中采取的观察角度称为域（Domain），常用的有时域和频域。时域（Time domain）是时间域的简称，自变量是时间。时域图的横轴是时间，纵轴是信号的瞬时值。频域（Frequency domain）是频率域的简称，自变量是频率。频域图也称频谱图，横轴为频率，纵轴是该频率分量的大小。

时域和频域，是同一个信号的两种观察角度。在数学上，信号除了可以被看作是随时间发生的幅值变化，也可以被看作是多种频率分量的组合。需要注意的是，时域是客观存在的域，而频域是在数学范畴内按照一定规则构建的观察角度。时域图直观形象，但很多情况下使用频域分析更加方便。

频谱分析（Frequency spectrum analysis）是频域中最常用的分析方法之一，时域信号经过傅里叶变换（Fourier transform）之后，从时域变换到频域，分解成若干个频率、幅值、相位不同的正（余）弦信号分量的叠加。傅里叶变换的物理意义明确而且容易理解，但存在的条件比较苛刻，只有在时域内绝对可积的信号才能进行傅里叶变换。

> **小提示**
>
> 在实验室中用示波器观察信号，看到的就是时域图；如果用频谱仪分析信号，看到的就是频谱图。

2. 高斯噪声

在时域上观察噪声，波形如图1-26（a）所示，信号的幅值变化没有规律而且任何时刻的瞬时值都无法预测。虽然噪声的幅值是随机变化的，但如果从统计角度观察幅值的分布概率，通常采用横轴为电压，纵轴为出现概率的坐标轴来显示，形状上会呈现中间高、两头低、左右对称的高斯分布（Gaussian distribution），如图1-26（b）所示，这种随机信号也称为高斯噪声（Gaussian noise）。

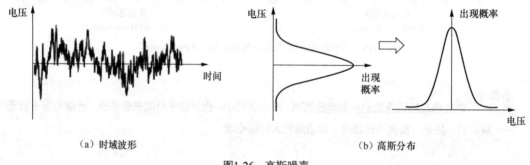

（a）时域波形　　　　　　　　　　　　（b）高斯分布

图1-26　高斯噪声

高斯分布也称正态分布（Normal distribution），是一个在数学、物理及工程领域都非常重要的概率分布。数学上用 $N(\mu, \sigma^2)$ 函数来表示，其中 μ 称为均值（Mean）或期望值，描述数据分布的中心位置；σ^2 称为方差（Variance），σ 称为标准差（Standard deviation）或均方差，描述数据分布的离散程度。σ 越大，数据分布越分散，σ 越小，数据分布越集中。

高斯噪声的大小一般会采用有效值来描述，有效值也称均方根（Root-Mean-Square，RMS）值。计算方法是将噪声的幅值取平方后累加，求其平均值后再开平方。对均值 $\mu = 0$ 的噪声信号，噪声的均方根 RMS 值与均方差 σ 大小是相同的。

峰峰值（Peak-to-peak）经常用于描述噪声大小，理论上来说高斯分布噪声的峰峰值是无穷大的，但极端噪声电压幅值出现的概率非常低，所以实际应用中习惯采用的计算区间为 $(-3.3 \times \sigma, +3.3 \times \sigma)$，此区间中电压幅值出现的总概率为99.9%，因此噪声峰峰值常用 $6.6 \times \text{RMS}$ 来计算。

3. 功率谱密度

均方根值和峰峰值是在时域上描述噪声的大小，理解起来直观容易，但在电路的噪声分析和计算中，通常采用功率谱密度（Power Spectral Density，PSD）。

功率谱密度简称功率谱，是用来描述在 1Hz 带宽条件下信号平均功率随频率的分布情况，简单说就是噪声在不同频率下的平均功率值。功率谱密度以曲线的形式给出，曲线关系图中横轴为频率，纵轴为功率谱密度。电压噪声谱密度一般以 $nV/\sqrt{Hz}$ 为单位，电流噪声谱密度一般以 $pA/\sqrt{Hz}$ 或 $fA/\sqrt{Hz}$ 为单位。

如果一个随机信号的功率谱密度在考察的频域内保持为常数，与频率无关，这种类型的噪声称为白噪声（White noise）。严格来说，白噪声只是一种理想化模型，如果功率谱密度在频域上具有无限带宽，那信号的功率将是无限大，这在物理上是不存在的。通常只要功率谱密度在考察的带宽范围内是平坦的，就把它作为白噪声来对待。

经常听到高斯白噪声（White Gaussian Noise，WGN）的名称，其实"高斯"与"白"并没有直接关联，"高斯"指的是时域上幅值概率分布服从高斯分布，"白"指的是频域中功率谱密度大小恒定为常数，将两种特性结合在一起的随机信号就是高斯白噪声。

1.3.2 噪声成分

光电二极管中的噪声成分主要包括热噪声、散粒噪声和过剩噪声等。不同类型的光电二极管，噪声的特点也会不同。

1. 热噪声

自由电子每时每刻都做无规则的热运动，如果在导体的任意两点之间观察电压或电流信号，会呈现不规则的起伏变化，这种噪声信号称为热噪声（Thermal noise）或约翰孙噪声（Johnson noise）。只要温度高于绝对零度（Absolute zero，−273.15℃），电子产生热运动，热噪声就存在于任何电路之中。

通常所说的电阻噪声其实是指电阻中存在的热噪声，如图1-27（a）所示，噪声建模时仍然认为电阻是无噪声的，而把噪声独立出来。如果把噪声等效成电压源，称为电压噪声 V_n，如图1-27（b）所示；如果把噪声等效成电流源，称为电流噪声 I_n，如图 1-27（c）所示。

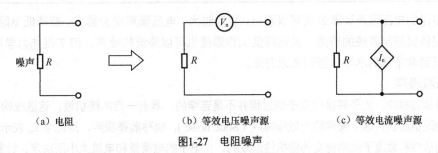

（a）电阻　　　　　　　（b）等效电压噪声源　　　　　　　（c）等效电流噪声源

图1-27　电阻噪声

热噪声虽然一直存在，但如果按时间取平均值，它仍等于零，因此一般考察其均方根值。电阻电压噪声 V_n 的大小与阻值 R、温度 T 及考察带宽 B 相关，均方根值计算公式为：

$$V_n = \sqrt{4kTR \cdot B}\,(V) \qquad\qquad （公式 1.13）$$

其中，k 是玻尔兹曼常数（Boltzmann constant），$k = 1.38 \times 10^{-23}$ J/K，有时也用符号 k_B 表示；

T 是热力学温度，以 K（开尔文）为单位，与摄氏温度 t 的关系为 T（K）$= t$（℃）$+ 273.15$；

R 是电阻的阻值，以 Ω（欧姆，ohm）为单位；

B 是考察的带宽，以 Hz 为单位。

根据欧姆定律，可以将电阻的电压噪声 V_n 转换成电流噪声，为了强调这些噪声是热噪声，常用符号 I_{jn} 来表示：

$$I_{jn} = \frac{V_n}{R} = \sqrt{\frac{4kT}{R} \cdot B}\,(A)$$

（公式 1.14）

电阻的电压噪声、电流噪声也常用谱密度来描述，用符号 e_n 和 i_n 表示：

$$e_n = \sqrt{4kTR}\,(V/\sqrt{Hz})$$

（公式 1.15）

$$i_n = \sqrt{\frac{4kT}{R}}\,(A/\sqrt{Hz})$$

（公式 1.16）

> **小提示**
> 电压噪声谱密度 e_n 和电流噪声谱密度 i_n 是在不考虑带宽 B 的情况下，用谱密度来描述噪声的大小。

表1-2 中显示了 27℃条件下不同电阻值对应的电压和电流噪声谱密度。一个经常被提到也应该被记住的简单数据，1kΩ 的电阻在室温条件下的电压噪声谱密度 $e_n \approx 4nV/\sqrt{Hz}$。

表1-2 电阻的热噪声

阻值 R	电压噪声谱密度 e_n	电流噪声谱密度 i_n
1kΩ	$4.07nV/\sqrt{Hz}$	$4.07pA/\sqrt{Hz}$
1MΩ	$128.69nV/\sqrt{Hz}$	$128.69fA/\sqrt{Hz}$
10MΩ	$406.94nV/\sqrt{Hz}$	$40.69fA/\sqrt{Hz}$
100MΩ	$1.287\mu V/\sqrt{Hz}$	$12.87fA/\sqrt{Hz}$
1GΩ	$4.069\mu V/\sqrt{Hz}$	$4.07fA/\sqrt{Hz}$

根据电阻的电压噪声计算公式可以看出，阻值越大，电压噪声就会越大。要降低电阻的热噪声，只有减小阻值或限制系统的带宽。虽然降低工作温度也可以降低热噪声，但 T 是热力学温度，除非将温度降低到非常低的水平，否则效果有限。

2. 散粒噪声

光电转换过程中，光子转换成电子的过程并不是连续的，具有一定的随机性，这造成输出光电流中会有微小的随机起伏，这个噪声称为散粒噪声（Shot noise），也称散弹噪声，用符号 I_{sn} 表示。散粒噪声是电子的离散性和载流子流动密度的随机性造成的，由电子的电荷量和电流大小所决定，计算公式为：

$$I_{sn} = \sqrt{2qI \cdot B}\,(A)$$

（公式 1.17）

其中，q 是单个电子的电荷量，$q = 1.6 \times 10^{-19}C$（库仑），有时用符号 e 来表示；

I 是流过电流的均方根值，单位为 A（安培）；

B 是考察的带宽，单位为 Hz（赫兹）。

散粒噪声在很宽的频率范围内呈白噪声特性，也常用谱密度来描述，用符号 i_{sn} 表示：

$$i_{sn} = \sqrt{2qI}\,(A/\sqrt{Hz})$$

（公式 1.18）

> **小提示**
> 热噪声的产生是由于电子的热运动，因此与温度 T 和阻值 R 相关。散粒噪声的产生是由于电子的粒子性，因此与电荷量 q 和电流 I 相关。

3．过剩噪声

雪崩光电二极管的雪崩倍增是一个复杂的过程，从内部微观角度来说，入射光子激发出的自由电子，发生碰撞电离的时间和位置都是随机的，这导致每个载流子并不可能经历相同的倍增过程。从外部的表现来看，输出电流中含有随机起伏的成分，这种噪声称为过剩噪声（Excess noise）或过量噪声。

过剩噪声通常用过剩噪声因子（Excess noise factor）来描述，用符号 F 表示，因为它与倍增因子 M 是相关的，常用 $F(M)$ 来表示。实际应用中一般采用 $F(M) = M^x$ 的简化表达式，其中指数 x 称为过剩噪声指数（Excess noise index），是一个与光电二极管材料和制造工艺相关的参数，一般硅材料的 $x = 0.2 \sim 0.5$，锗材料的 $x = 0.8 \sim 1.0$，铟镓砷材料的 $x = 0.5 \sim 0.7$。

雪崩光电二极管的数据手册中会给出过剩噪声因子 F 和过剩噪声指数 x 的数值，但要关注倍增因子 M 和波长 λ 的测试条件。以 First Sensor 公司硅雪崩光电二极管 Series 8: optimized for high cut-off frequencies – 650 nm - 850 nm[8 系列：针对高截止频率进行优化设计（650～850nm）]中的"AD230-8 TO, Order #3001341"型号为例，如图1-28 所示，在 $M = 100$ 的测试条件下，过剩噪声因子 $F = 2.2$，过剩噪声指数 $x = 0.2$。

参数	符号	测试条件	最小值	典型值	最大值	单位
过剩噪声因子	$M = 100$		—	2.2	—	
过剩噪声指数	$M = 100$		—	0.2	—	

图1-28　过剩噪声（First Sensor）

雪崩光电二极管输出的光电流中除了散粒噪声，伴随而来的还有过剩噪声。噪声计算时通常把过剩噪声与散粒噪声合并在一起，仍然统称为散粒噪声。假定雪崩光电二极管的初级光电流为 I_{p0}，输出光电流中的散粒噪声（包含过剩噪声）计算公式为：

$$I_{sn(APD)} = \sqrt{2q \cdot I_{p0} \cdot B \cdot \left(M^2 \cdot F\right)}$$　　　（公式 1.19）

把 $F = M^x$ 代入，输出光电流中的散粒噪声（包含过剩噪声）计算简化为：

$$I_{sn(APD)} = \sqrt{2q \cdot I_{p0} \cdot B \cdot M^{2+x}}$$　　　（公式 1.20）

> **小提示**
> 过剩噪声是雪崩倍增过程的随机性造成的，因此只有在雪崩光电二极管的输出光电流中存在。对于 PIN 光电二极管，不存在过剩噪声。

4．总噪声

光电二极管自身的噪声包括两部分：分流电阻 R_{SH} 的热噪声 I_{jn} 和输出光电流 I_{ph} 中的散粒噪声 I_{sn}。雪崩光电二极管的噪声中还包括过剩噪声，但通常与散粒噪声合并计算。各个噪声成分之间互不相关、相互独立，总噪声的计算不是算术求和，而是采用 RSS（Root-Sum-Squares）计算方法，即每个噪声成分平方后求和，然后再取平方根。光电二极管的总噪声计算方法为：

$$I_{总噪声}\Big|_{(仅光电二极管)} = \sqrt{I_{jn}^2 + I_{sn}^2} = \sqrt{\frac{4kT}{R_{SH}} \cdot B + 2qI_{ph} \cdot B}$$　　　（公式 1.21）

光电二极管输出的电流信号，要通过负载电阻 R_L 完成电流—电压转换，因此电路整体的总噪声

还会包括负载电阻 R_L 的热噪声 $I_{jn(R_L)}$，计算公式为：

$$I_{总噪声}\Big|_{光电二极管和负载电阻} = \sqrt{I_{jn}^2 + I_{sn}^2 + I_{jn(R_L)}^2} \qquad （公式 1.22）$$

公式 1.22 中虽然有两个电阻电流噪声的成分，但分流电阻 R_{SH} 的电流噪声值一般很大（在 GΩ 级别），而负载电阻 R_L 的电流噪声值相对较小（一般在 kΩ 到 MΩ 级别），相比之下 R_{SH} 的电流噪声 I_{jn} 并不是主要成分。

1.3.3 噪声等效功率

没有入射辐射的情况下，光电二极管的输出中仍然存在着一个随机变化的微小信号，这就是固有噪声（Intrinsic noise）。响应度并不能表示光电二极管探测微弱辐射的能力，而是用噪声等效功率和探测率等参数来描述。

1. 噪声等效功率

光电二极管输出光电流 I_{ph} 中，除了信号电流 I_{signal}，还包含噪声电流 I_{noise}。在入射辐射功率 P_{in} 较大的情况下，I_{signal} 远远大于 I_{noise}。如果 P_{in} 减小，I_{signal} 也减小，当 $I_{signal} = I_{noise}$ 的时候，信号电流与噪声电流无法区分，光电二极管也就失去了光电检测的能力，此时的入射辐射功率 P_{in} 定义为噪声等效功率（Noise Equivalent Power，NEP）。

NEP 的大小与带宽相关，更常见的是用其谱密度来描述光电二极管的光电检测能力，单位为 $W/\sqrt{Hz}$，一般在 $10^{-15} \sim 10^{-14}(W/\sqrt{Hz})$ 级别。NEP 是光电二极管固有的噪声水平，是可检测到的最小信号功率，它决定了光电二极管的探测下限。NEP 越小，说明光电二极管越灵敏，检测能力越强，更适合弱光探测的应用。

以 First Sensor 公司硅 PIN 光电二极管 Series 6: IR photodiodes with minimal dark current（6 系列：具有超低暗电流的红外光电二极管）中的 "PC10-6 TO, Order #3001208" 型号为例，器件手册参数表中的噪声等效功率指标如图 1-29 所示。在反偏电压 $V_R = 10V$、波长 $\lambda = 900nm$ 的测试条件下，$NEP = 1.3 \times 10^{-14}(W/\sqrt{Hz})$。

参数	符号	测试条件	最小值	典型值	最大值	单位
噪声等效功率	NEP	$V_R=10V$；$\lambda=900nm$	—	1.3×10^{-14}	—	$W/\sqrt{Hz}$

图1-29 噪声等效功率（First Sensor）

由于光电二极管输出光电流与入射辐射功率之间的关系取决于响应度 $R(\lambda)$，因此不同波长 λ 情况下的噪声等效功率 NEP 是不一样的。光电二极管器件手册参数表中的噪声等效功率 NEP 指标，一般都是基于灵敏度峰值波长 λ_p 和峰值波长响应度 $R(\lambda_p)$ 的结果。

> **小提示**
> 换个角度，噪声等效功率 NEP 也有这样的定义：在 1Hz 带宽情况下，信噪比为 1（SNR=1）时对应的入射辐射功率。

2. 探测率

噪声等效功率值越小，光电二极管的探测能力越强，这不符合"越大越好"的思维习惯，于是将 NEP 取倒数，定义为探测率（Detectivity），也称为探测度或者探测能力，用符号 D 表示：

$$D = \frac{1}{\text{NEP}} \left(\sqrt{\text{Hz}} / \text{W} \right)$$

（公式 1.23）

D 与 NEP 没有本质区别，只是从数值上来说，D 数值越大，光电二极管的检测能力更强。

3. 归一化探测率

不同光电二极管的光敏区面积不一样，无法简单通过噪声等效功率进行比较，基于光敏区面积对 D 进行归一化处理，得到的值定义为归一化探测率（Normalized detectivity），也称比探测率，用符号 D^* 表示：

$$D^* = \frac{1}{\frac{\text{NEP}}{\sqrt{A}}} = \frac{1}{\text{NEP}} \times \sqrt{A} = D \times \sqrt{A} \left(\text{cm} \cdot \sqrt{\text{Hz}} / \text{W} \right)$$

（公式 1.24）

公式 1.24 中，A 是光电二极管的光敏区面积，单位为 cm^2。

> **小提示**
>
> 从 D^* 的定义和计算公式可以看出，归一化探测率 D^* 可以看作光电二极管在单位敏感面积（1cm^2）、单位带宽（1Hz）及单位入射辐射功率（1W）时的信噪比。

4. 敏感区

光电二极管产生光电效应的有效面积称为敏感区（Sensitive area）、光敏区、有源区（Active area）或靶区等。以 First Sensor 公司硅 PIN 光电二极管 Series 6: IR photodiodes with minimal dark current（6 系列：具有超低暗电流的红外光电二极管）中的 "PC10-6 TO, Order #3001208" 型号为例，参数如图1-30 所示，敏感区为圆形，直径为 3 570μm，面积为 10mm²。

参数		符号	测试条件/注释	最小值	典型值	最大值	单位
敏感区	直径			—	3 570	—	μm
	面积			—	10.0	—	mm²

图1-30　敏感区（First Sensor）

光电二极管的敏感区有圆形的，也有方形的。敏感区面积越大，能够探测的最小入射辐射功率越低，但寄生结电容也越大。

1.3.4　信噪比

电路中的信号既包含有用信号，也包含噪声。其实噪声也是一种信号，但它是目标信号以外不被希望出现的成分的总称，通常采用信噪比来描述电路中信号与噪声的比例。

1. 信噪比

信噪比（Signal-to-noise ratio，SNR 或 S/N），指的是信号功率 P_{signal} 与噪声功率 P_{noise} 的比值，有时也会用电压的有效值 $V_{\text{signal(RMS)}}$ 和 $V_{\text{noise(RMS)}}$ 来计算，通常以分贝（dB）来表达。SNR 越大，说明混在总信号里的噪声越小，越容易把有用信号识别出来，计算公式：

$$\text{SNR}\left(\text{dB}\right) = 10 \log_{10}\left(\frac{P_{\text{signal}}}{P_{\text{noise}}}\right) = 20 \log_{10}\left(\frac{V_{\text{signal(RMS)}}}{V_{\text{noise(RMS)}}}\right)$$

（公式 1.25）

光电二极管输出的是电流信号 I_{signal}，不考虑负载电阻 R_L 噪声的情况下，电流噪声 I_{noise} 中包括

分流电阻 R_{SH} 的电流热噪声 $I_{jn}|_{R_{SH}}$ 和光电流 I_{ph} 的散粒噪声 $I_{sn}|_{I_{ph}}$，假定系统带宽为 B，PIN 光电二极管电路的信噪比 SNR：

$$\text{SNR}|_{PIN} = \frac{P_{\text{signal}}}{P_{\text{noise}}} = \frac{I_{\text{signal}}^2}{I_{\text{noise}}^2} = \frac{\left(I_{ph}\right)^2}{\dfrac{4kT}{R_{SH}} \cdot B + 2qI_{ph} \cdot B} \qquad （公式 1.26）$$

对于雪崩光电二极管，初级光电流为 I_{p0}，倍增因子为 M，过剩噪声因子为 F，忽略暗电流的影响，信噪比 SNR 为：

$$\text{SNR}|_{APD} = \frac{P_{\text{signal}}}{P_{\text{noise}}} = \frac{I_{\text{signal}}^2}{I_{\text{noise}}^2} = \frac{\left(I_{p0} \cdot M\right)^2}{\dfrac{4kT}{R_{SH}} \cdot B + 2qI_{p0}M^2F \cdot B} \qquad （公式 1.27）$$

在有些文献中，信噪比 SNR 的计算不但考虑了暗电流 I_d 的因素，还会再将其细化成表面漏电流 I_{ds} 和本体暗电流 I_{db} 来分别计算，造成公式十分复杂。

> **小提示**
> 　　对跨阻放大器电路来说，除了光电二极管自身的噪声以外，还有电流—电压转换电路的噪声，这些都会影响到整个系统的信噪比 SNR。

2. 小值分量

互不相关噪声成分的叠加，采用的是 RSS 计算方式，实际上小值分量对总体结果的贡献是有限的。以分量 1 和分量 2 的 RSS 叠加为例，在分量 2 大小不同的情况下，RSS 计算结果和相比分量 1 的增幅，如表 1-3 所示。

表 1-3　RSS 计算结果对比

分量 1	分量 2	RSS 结果	相比分量 1 增幅
1	1	1.414	41.421%
1	1/2	1.118	11.803%
1	1/3	1.054	5.409%
1	1/4	1.031	3.078%
1	1/5	1.020	1.980%
1	1/8	1.008	0.778%
1	1/10	1.005	0.499%

从表 1-3 中可见，如果一个分量是其他分量的 5 倍以上，小值分量对 RSS 计算结果的贡献将小于 2%。实际应用中，一些小值分量甚至可以不参与计算，合理地予以忽略。

3. 热噪声与散粒噪声

光电二极管分流电阻 R_{SH} 的电流热噪声 I_{jn} 和输出光电流 I_{ph} 中的散粒噪声 I_{sn}，两种噪声之间并没有直接关联。但在 R_{SH} 确定的情况下，光电流 I_{ph} 会存在着一个分界值，小于此值时电流热噪声 I_{jn} 占主要成分，高于此值时散粒噪声 I_{sn} 占主要成分。

假设电流热噪声 I_{jn} 和散粒噪声 I_{sn} 数值大小相等，通过电阻值 R_{SH} 来推算电流 I_{ph} 的分界值，根据 $I_{jn}|_{R_{SH}} = I_{sn}|_{I_{ph}}$ 建立等式并化简：

$$\sqrt{\frac{4kT}{R_{SH}} \cdot B} = \sqrt{2q \cdot I_{ph} \cdot B} \qquad \Rightarrow I_{ph} = \frac{2kT}{q \cdot R_{SH}} \qquad （公式 1.28）$$

不同的 R_{SH} 对应的 I_{ph} 分界值，如表 1-4 所示。

表 1-4　不同 R_{SH} 对应的 I_{ph} 分界值（T=27℃）

电阻 R_{SH} /Ω	电流噪声谱密度 i_n /（fA/$\sqrt{Hz}$）	光电流 I_{ph} 分界值/pA
100 M	12.87	517.50
200 M	9.10	258.75
500 M	5.75	103.50
1 G	4.07	51.75
2 G	2.88	25.88
5 G	1.82	10.35

从表 1-4 中的结果可以看出，分流电阻 R_{SH} 越大，对应光电流 I_{ph} 的分界值就越小。因此光电二极管的分流电阻一般都追求尽可能大，这样多数情况下可以忽略分流电阻的热噪声成分。

第2章

跨阻放大器分析

光电二极管输出的是电流信号，但数据采集系统一般接收的是电压信号，因此需要将电流信号转换为电压信号。这个转换电路通常利用运算放大器实现，由于输出电压与输入电流之比的量纲与电阻的量纲相同，所以称其为跨阻放大器（Trans-impedance amplifier，TIA），也称互阻放大器。跨阻放大器位于信号接收与调理电路的第一级，也常称为前置放大器（Pre-amplifier，或 Front-end amplifier）。

2.1 跨阻放大器电路

跨阻放大器电路中，运算放大器与外围的电阻和电容是一个不可分割的整体。后续谈跨阻放大器的时候，多数情况下它并不仅仅指运放，而是对整个电路的统称。

2.1.1 电流—电压转换

电流—电压转换也称 I–V 变换或 I/V 变换，光电二极管电路中，最常用的是利用运算放大器实现的光伏模式和光导模式。

1. 简单实现

电流—电压转换最简单的实现方式：光电流 I_{PD} 经过一个电阻 R_{Load} 会产生电压降 V_{out}，从而使电流信号转换为电压信号，$V_{out} = I_{PD} \times R_{Load}$，如图2-1（a）所示。$R_{Load}$ 也称为负载电阻，有时用符号 R_L 表示。如果光电流 I_{PD} 比较小，那么只有增大 R_{Load} 才能获得较高的 V_{out} 输出，但这会造成 V_{out} 输出阻抗很高。一种改进的电路如图 2-1（b）所示，不仅借助运放解决了输出阻抗问题，还能对信号进一步放大。

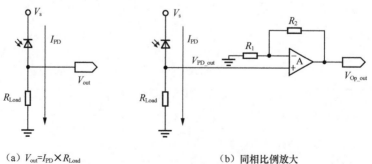

（a）$V_{out} = I_{PD} \times R_{Load}$　　　　　　　　　（b）同相比例放大

图2-1　电流—电压转换

图2-1（b）所示的电路中，如果电阻 R_{Load} 过大，R_{Load} 与光电二极管结电容 C_J 形成的 RC 电路将会限制响应带宽。另外光电二极管两端的偏置电压为 $V_S - I_{PD} \times R_{Load}$，光电流 I_{PD} 的变化会造成偏置电压的波动，这也将影响光电二极管的响应特性。

2. 光伏模式

光伏模式也称 PV（Photovoltaic）模式，电路如图2-2 所示，光电二极管的正极接地，负极与运算放大器的反相输入端相连。基于运放输入端的"虚断"特性，光电流 I_{PD} 经过电阻 R_F，在运放的输出端转换成电压 V_{out}。

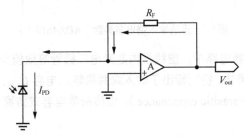

图2-2　光电二极管的光伏模式

运放的同相输入端接地，基于"虚短"特性，光电二极管的负极也是 GND 地电位，这样光电流 I_{PD} 无论如何变化，光电二极管两端的电压差都保持为 0V。

3. 光导模式

光导模式也称 PC 模式（Photoconductive）或光电导模式，与光伏模式不同，光电二极管两个电极之间存在反向偏置电压，如果反偏电压为正压+V_{bias}，称为正偏（Positively biased）光导模式，如图2-3（a）所示；如果反偏电压为负压–V_{bias}，称为负偏（Negatively biased）光导模式，如图2-3（b）所示。

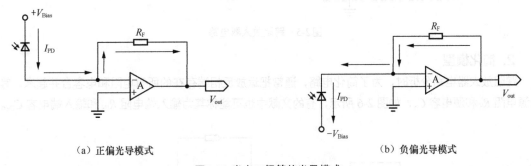

（a）正偏光导模式　　　　　　　　　　　　　　（b）负偏光导模式

图2-3　光电二极管的光导模式

> **小提示**
> 　　光伏模式和光导模式，都利用了运放的"虚短"和"虚断"特性，既把光电二极管输出的电流信号转换成了电压信号，又保持了两个电极之间的压差恒定。

2.1.2　输入端电容

光电二极管的结电容 C_J 及运放输入端的电容，会引起跨阻放大器电路的不稳定，需要特别关注运放反相端存在的电容，但这点可能被很多工程师忽略。

1. 运放输入端电容

运放两个输入端之间的电容称为差分输入电容 C_{DM}（有时也称差模输入电容），输入端对地的电容称为共模输入电容 C_{CM}。运放数据手册中会提供这两个参数，以 ADI 的低噪声 JFET 运放 ADA4610-1 为例，在 ±5V 供电条件下运放输入端电容参数如图2-4 所示。

参数	符号	测试条件/注释	最小值	典型值	最大值	单位
输入特性						
输入电容		V_{CM}=0V				
差分				3.1		pF
共模				4.8		pF

图2-4 运放输入端电容参数（ADA4610-1）

图 2-5 所示的跨阻放大器电路中，虚线框内是光电二极管等效模型，包括分流电阻 R_{SH} 和结电容 C_J。右侧运放的三角形符号内，特别标出了输入端共模输入电容 C_{CM+}、C_{CM-} 和差模输入电容 C_{DM}。PCB 上还会存在寄生电容（Parasitic capacitance），也称杂散电容或游离电容（Stray capacitance），用 C_{stray} 来表示。

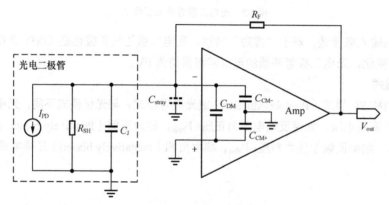

图2-5 跨阻放大器电路

2. 简化模型

跨阻放大器电路分析时，为了简化电路，通常把运放反相端存在的所有电阻和电容合并起来，等效成源电阻 R_S 和源电容 C_S，如图 2-6 所示，有的文献中也可能称其为输入端电阻 R_{IN} 和输入端电容 C_{IN}。

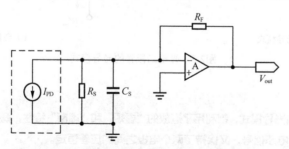

图2-6 跨阻放大器电路中的源电阻和源电容

图2-6 中源电阻 R_S 和源电容 C_S 看起来和光电二极管的等效模型类似，但实际上是合并了运放反相端所有参数，对电路做了简化。源电容 C_S 计算公式：

$$C_S = C_J + C_{CM} + C_{DM} + C_{stray} \qquad （公式 2.1）$$

光电二极管结电容 C_J 与反向偏置电压相关，需要根据器件手册来确定。运放的共模输入电容 C_{CM} 和

差模输入电容 C_{DM} 可在数据手册中查找，虽然两个输入端都有共模输入电容，但同相端接地，因此只有反相端的 C_{CM} 对电路有影响。PCB 上的寄生电容 C_{stray} 与运放封装及布局布线相关，一般在 0.2～0.5pF。

源电阻 R_S 是运放输入电阻与光电二极管分流电阻 R_{SH} 的并联，对 JFET 输入级运放和 CMOS 型运放来说，输入电阻都非常大，有些器件的数据手册中甚至都不提供这个指标，此时可以认为源电阻 R_S 的值基本上等于分流电阻 R_{SH} 的值。

2.2　运算放大器基础

跨阻放大器在本质上仍然属于运算放大器，因此运放的基础知识对于跨阻放大器电路分析来说也是适用的。

2.2.1　传递函数

传递函数（Transfer function）也称系统函数，是描述线性时不变系统（Linear time-invariant system）传输特性的数学表达式，也是经典控制理论研究中的主要工具。如果系统函数采用微分方程来描述，求解时会非常困难，而利用拉普拉斯变换（Laplace transform）将函数从时域转到复频域，计算将会变得简单。

1. 传递函数

负反馈系统的标准模型如图2-7所示，输入为 $V_i(s)$，输出为 $V_o(s)$，$A(s)$ 称为前向增益（Forward Gain），$\beta(s)$ 称为反馈增益（Feedback gain）。

传递函数有两个：开环传递函数 $H_o(s)$ 和闭环传递函数 $H(s)$。$H_o(s)$ 一般用于研究系统的稳定性分析，$H(s)$ 通常用于信号的传输特性和噪声特性分析。如果没有特别说明，讨论传递函数时指的都是闭环传递函数。

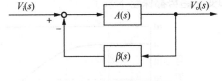

图2-7　负反馈系统模型

开环传递函数 $H_o(s)$ 定义为反馈回路开环的情况下，信号沿环路传输一圈得到的增益：

$$H_o(s) = A(s) \cdot \beta(s) \qquad （公式 2.2）$$

$A(s) \cdot \beta(s)$ 也称为环路增益（Loop gain）。

闭环传递函数 $H(s)$ 定义为反馈回路闭环，零初始条件下，输出响应与输入激励之比：

$$H(s) = \frac{V_o(s)}{V_i(s)} = \frac{A(s)}{1 + A(s) \cdot \beta(s)} \qquad （公式 2.3）$$

传递函数中分子多项式的根，称为系统的零点（Zero）；分母多项式的根，称为系统的极点（Pole）。但传递函数的零点和极点是复频率，与时域中的信号频率不同。

2. 频响函数

实际应用中更关注系统的频率响应特性（Frequency response characteristic），简称频响特性，是在输入信号为稳态正弦波的情况下，描述输出信号正弦波的幅值和相位随输入频率 ω（角频率）变化的规律。

传递函数 $H(s)$ 已知的情况下，令 $s = j\omega$ 就可以得到系统频响函数，即 $H(j\omega) = H(s)|_{s=j\omega}$。相比传递函数 $H(s)$ 中的复频率 s，频响函数 $H(j\omega)$ 以频率 ω 为自变量，物理概念清晰、明确，而且具

有实用价值，因此成为研究系统特性的常用工具。

频响函数 $H(j\omega)$ 是一个复变函数，其模值定义为幅频响应特性 $A(j\omega)$，简称幅频特性，是增益随频率 ω 变化的特性；辐角定义为相频响应特性 $\varphi(j\omega)$，简称相频特性，是相位随频率 ω 变化的特性。

$$A(j\omega) = |H(j\omega)|$$

$$\varphi(j\omega) = \angle H(j\omega)$$

（公式 2.4）

有些复杂的系统，难以建立准确的数学模型，更无法确定模型中的参数，得到传递函数 $H(s)$ 并非易事。但可以通过实验，对系统施加稳态正弦激励，测量系统的输出响应，得到系统的频响特性。

3. 波特图

波特图（Bode plot）又称波德图或伯德图，用来描述系统的频响特性，通常由幅频图和相频图两张图组成，分别表示幅频特性曲线 $A(j\omega)$ 和相频特性曲线 $\varphi(j\omega)$。波特图的横轴为频率，采用对数坐标，幅频图的纵轴为对数刻度，通常用 dB（分贝）来表达，相频图的纵轴通常以°（角度）为单位。

以一阶低通系统为例，波特图如图2-8（a）所示，图中看出频率低于 f_p 时，幅频特性基本保持不变，高于 f_p 后，增益随频率增加而下降，速度为 $-20\text{dB}/\text{Dec}$（-20dB 每 10 倍频）。相频特性以 $45°/\text{Dec}$ 的速率变化，总共产生 90° 的滞后相移。

根据波特图中幅频曲线和相频曲线的变化特征，将频率 f_p 定义为极点。对应地定义了零点，它的幅频和相频特征与极点的相反，零点后幅频曲线的斜率为 $+20\text{dB}/\text{Dec}$，相频曲线总共减少 90° 相移。实际电路的幅频和相频曲线在极点和零点附近是逐渐变化的，经常会采用直线来近似拟合，图 2-8（a）中的波特图简化后如图 2-8（b）所示，虽然极点处的一些变化细节被忽略，但极点位置和变化趋势都保留下来了。

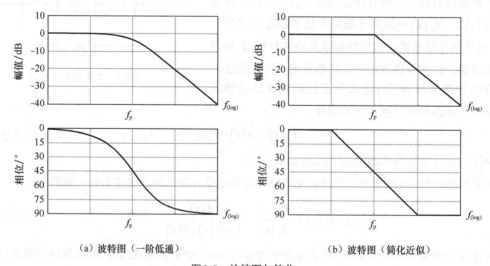

（a）波特图（一阶低通）　　　　　　（b）波特图（简化近似）

图2-8　波特图与简化

图2-8（a）所示波特图，在极点频率 f_p 位置，增益有 -3dB 的衰减，相移为 45°，在 0.1 倍～10 倍极点频率的范围内，相位以 $45°/\text{Dec}$ 的速率变化，总共产生 90° 的滞后相移。

> **小提示**
> 系统频响特性 $H(j\omega)$ 波特图中的零点、极点，与传递函数 $H(s)$ 中零点、极点是不同的概念，前者是正弦波频率值，而后者是一个复频率。

2.2.2 运算放大器参数

运算放大器电路分析中，很多情况下都做了理想化假设。但实际运放并不是理想的，关键参数包括：输入失调电压、输入偏置电流、输入失调电流，以及开环增益、相位裕量、增益带宽积、压摆率等。

1. 失调电压、偏置电流和失调电流

如果运放两个输入端的电压相同，输出电压应该为 0V。但实际运放的输出会有一个小的电压，将这个输出电压等效为同相输入端的一个电压源，如图 2-9（a）所示，称为运放的输入失调电压（Input offset voltage），简称失调电压，用符号 V_{os} 表示。运放的失调电压 V_{os} 是输入级晶体管之间的不对称导致的，数值大小可正可负。失调电压会随温度变化，一般用失调电压温度系数 TCV_{os} 来描述。

理想运放的输入阻抗无穷大，但在实际运放并不是绝对的高阻，运放输入端会有流入或流出的电流，如图 2-9（b）所示。输入端电流 I_{B+} 和 I_{B-} 的平均值，称为运放的输入偏置电流（Input bias current），简称偏置电流，用符号 I_B 表示：$I_B = (I_{B+} + I_{B-})/2$。两个输入端电流 I_{B+} 和 I_{B-} 的差值，称为运放的输入失调电流（Input offset current），简称失调电流，用符号 I_{os} 表示：$I_{os} = (I_{B+} - I_{B-})$。

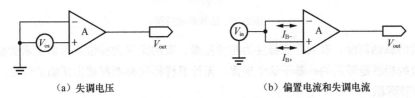

（a）失调电压　　　　　　　　　　　（b）偏置电流和失调电流

图 2-9　运放输入级非理想性

不同类型的运放，偏置电流 I_B 的大小差别巨大，最小的可达 fA（飞安，$1\text{fA} = 10^{-15}\text{A}$）级别，最大的可能有 μA（微安，$1\mu\text{A} = 10^{-6}\text{A}$）级别。偏置电流 I_B 随温度变化，需要在器件数据手册中查找偏置电流的温度特性曲线。传统运放的失调电流 I_{os} 会比偏置电流 I_B 低一个数量级，但现代运放的输入端会增加偏置电流补偿电路，I_B 可能与 I_{os} 大小相当，而且这类器件也没有提供最大值和最小值。

2. 开环增益与相位裕量

运放的开环增益（Open-loop gain）是在没有反馈的情况下，输出电压与差模输入电压之比。开环增益是一个无量纲的比值，通常用 dB 来描述，有时可能用 V/mV 或 V/μV 来描述。运放数据手册参数表中的开环增益指标可以达到 80～130dB，甚至更高，这指的是直流开环增益。

运放的开环增益随频率变化，常用符号 $A_{ol}(j\omega)$ 表示。开环增益在直流时最大，随着频率的升高会以 $-20\text{dB}/\text{Dec}$ 的速率下降，拐点是内部积分电容引入的极点导致的，它主导着运放的稳定性，称为运放的主极点（Dominant pole），一般用角频率 ω_0 来表示。

运放的负反馈回路本身引入了 180° 相移，如果前向通路中再有 180° 相移，那负反馈就变成了正反馈，电路将会发生振荡。相位裕量（Phase margin）也称相位裕度，定义为运放的开环增益降低到 0dB 时，开环相位与 180° 的差值。运放的相位裕量是用角度来描述距离自激振荡还有多远，是运放电路稳定性分析中重要的指标。

运放的开环增益 $A_{ol}(j\omega)$ 曲线和相频曲线通常会放在同一个波特图中，以 ADI 的低噪声 JFET 运算放大器 ADA4610-1 为例，±5V 供电条件下的波特图如图 2-10 所示。左侧纵轴代表的是开环增益，对应图中 GAIN（增益）曲线；右侧纵轴代表的是相位裕量，对应图中 PHASE（相位）曲线。

图中看出直流开环增益大约在 90dB，主极点在 300Hz 左右，开环增益降为 0dB 时频率为 9MHz，相位裕量在 65°左右。

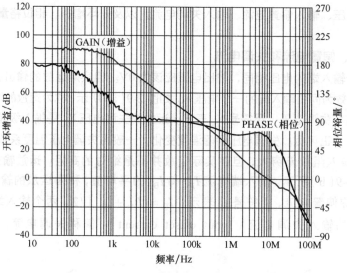

图 2-10　运放的波特图

相频曲线的纵轴刻度，有的厂家标注为相位裕量，有的定义为相位，很多读者会感到困惑。但只要记住运放的相移是滞后的，基于这个规律，无论怎样标注都能解读出正确的信息。

3. 增益带宽积

增益带宽积（Gain bandwidth product，GBW 或 GBP），是指运放闭环增益与带宽的乘积会保持一个定值，这也是电压反馈型运放（Voltage feedback，VFB）的重要特征。

闭环增益为 1 倍的情况下，运放的带宽称为单位增益带宽（Unity-gain bandwidth），对应的频率也称为单位增益交越频率（Unity-gain crossover，UGC），简称单位增益频率或交越频率，由于在数值上与增益带宽积是相同的，常用符号 f_{GBW} 来表示。

现代有些运放，增益带宽积 GBW 与单位增益频率 f_{GBW} 在数值上可能并不相等，以 ADA4610-1 为例，如图 2-11 所示。这是因为两个参数的测试条件不同，GBW 是基于放大倍数 $A_v = 100$，而 f_{GBW} 是基于 $A_v = 1$。

参数	符号	测试条件/注释	最小值	典型值	最大值	单位
动态性能						
增益带宽积	GBW	$V_{IN}=5mV_{P-P}$, $R_L=2k\Omega$, $A_V=100$		15.4		MHz
单位增益交越频率	UGC	$V_{IN}=5mV_{P-P}$, $R_L=2k\Omega$, $A_V=1$		9.3		MHz

图 2-11　运放增益带宽积和单位增益频率（ADA4610-1）

4. 输入输出电压范围

运放有 $+V_{cc}$ 和 $-V_{ee}$ 两个供电引脚，正常工作时 +IN 和 –IN 输入端所允许的区间称为输入共模电压范围（Input common-mode voltage range），输出端 V_{out} 所能达到最大值与最小值的区间称为输出电压摆幅（Output voltage swing）。这两个区间与正负电源轨（Power supply rail）之间的距离，分别定义为输入端裕量（Input headroom）和输出端裕量（Output headroom），如图 2-12 所示。

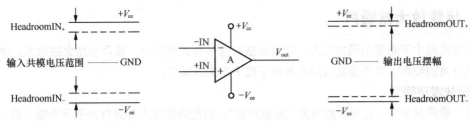

图2-12　运放输入输出电压范围

以 ADI 的低噪声 JFET 运算放大器 ADA4610-1 为例，在 ±5V 供电条件下的参数如图 2-13 所示。输入电压范围最小值为 –2.5V，最大值为 +2.5V，这意味着 HeadroomIN$_+$ = 2.5V，HeadroomIN$_-$ = 2.5V。输出高电压为 +4.90V（典型值），输出低电压为 –4.95V（典型值），这意味着 HeadroomOUT$_+$ = 100mV，HeadroomOUT$_-$ = 50mV。

现代运放，特别是 CMOS 型运放，输入端和输出端裕量可以减小到 mV 级别，具有这样特征的运放也被称为"轨到轨（Rail-to-Rail）"型，又分为输入轨到轨（RRI）、输出轨到轨（RRO）和输入输出轨到轨（RRIO）三种。根据如图 2-13 所示的参数，ADA4610-1 就是典型的输出轨到轨（RRO）型运放。

参数	符号	测试条件/注释	最小值	典型值	最大值	单位
输入特性		$V_{SY}=\pm5V$，$V_{CM}=0V$，$T_A=25^\circ C$				
输入电压范围			–2.5		+2.5	V
输出特性						
输出高电压	V_{OH}	$R_L=2k\Omega$	4.85	4.90		V
输出低电压	V_{OL}	$R_L=2k\Omega$		–4.95	–4.90	V

图2-13　运放输入输出范围（ADA4610-1）

> **小提示**
>
> 对输入轨到轨（RRI）型运放来说，有些器件的输入电压范围确实可以包含负电源轨。但输出轨到轨（RRO）这个说法并不太准确，因为输出电压并不能真正达到电源轨，只是非常接近而已。

5. 压摆率

压摆率（Slew rate，SR）指的是运放输出端在大信号阶跃 [一般在 2V$_{p-p}$（2V 峰峰值）级别] 情况下，电压变化的最快速率，如图 2-14（a）所示。这个指标反映了运放对于快速变化信号的响应能力，通常以 V/s 或 V/μs 为单位，有时为了区分信号上升/下降的压摆率，分别用 SR+和 SR–来表示。

脉冲信号的压摆率容易理解，但对正弦波信号来说，压摆率与幅值 V_p、频率 f_{sig}、瞬时相位都相关，压摆率的最大值 SR$_{max}$ 发生在中值处：$SR_{max}\big|_{sine}=2\pi \cdot f_{sig}\cdot V_p$，如图 2-14（b）所示。信号的频率越高、幅值越大，对运放压摆率的要求就越高。

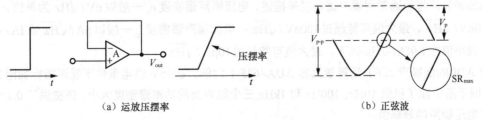

（a）运放压摆率　　　　　　　　　　　（b）正弦波

图2-14　运放的压摆率

2.2.3 运算放大器噪声

噪声是电路中不希望出现的成分，而且运放对信号放大的同时，噪声也随之被放大。本节中只关注运放自身的噪声，并不涉及运放在外界干扰下产生的噪声。

1. 运放噪声模型

运放的噪声分析中，会把运放视为"无噪声的"，而把内部噪声等效存在于两个输入端，建模成彼此独立的电压噪声源和电流噪声源，如图 2-15 所示。电压噪声源一般等效在同相输入端，用符号 e_n 或 V_n 表示；电流噪声源在两个输入端都存在，用符号 i_n 表示。对于电压反馈型（VFB）运算放大器，一般认为同相和反相端的电流噪声大小相等，但并不相关。

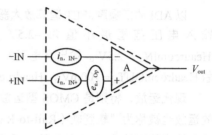

图 2-15 运放的噪声模型

2. 白噪声与 1/f 噪声

根据噪声功率谱密度随频率变化的特性，人们定义了不同的噪声类型，而且用不同的颜色对其进行命名。最常见的为白噪声和 1/f 噪声（粉红噪声）。

白噪声（White noise）是功率谱密度大小保持为常数的一种噪声，与频率无关。白噪声在很宽的频带内存在，也称为宽带噪声。1/f 噪声的功率谱密度与频率之间呈倒数关系，1/f 噪声又称粉红噪声（Pink noise）或闪烁噪声（Flicker noise），是低频噪声，频率一般为 1kHz 以下。

运放自身的噪声中包含白噪声和 1/f 噪声，典型的噪声功率谱密度图如图 2-16 所示，横轴为频率，一般采用对数坐标，因此 1/f 函数关系曲线变成一条斜线。频率低于 f_c 的部分，称为 1/f 噪声区域。频率高于 f_c 的部分，称为白噪声区域。频率 f_c 是两种噪声区域的分界点，称为拐角频率（Corner frequency）或转折频率，不同器件的噪声转折频率 f_c 也不一样。

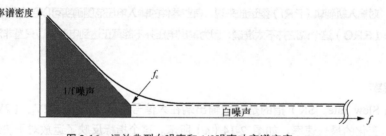

图 2-16 运放典型白噪声和 1/f 噪声功率谱密度

事实上整个频率范围内，两种噪声类型都存在，只是频率小于 f_c 的区域内 1/f 噪声占主要成分，频率大于 f_c 的区域内白噪声占主要成分。

3. 噪声指标

运放的噪声指标通常用噪声谱密度来描述，电压噪声谱密度 e_n 一般以 $nV/\sqrt{Hz}$ 为单位，最小值不到 $1.0nV/\sqrt{Hz}$，最大值可能超过 $100nV/\sqrt{Hz}$；电流噪声谱密度 i_n 一般以 $pA/\sqrt{Hz}$ 或 $fA/\sqrt{Hz}$ 为单位，最小值在 $1.0fA/\sqrt{Hz}$ 以下，最大值可能超过 $10pA/\sqrt{Hz}$。

以 ADI 的低噪声 JFET 运算放大器 ADA4625-1 为例，在 +5V 供电条件下噪声指标如图 2-17 所示。数据手册中除了提供 10Hz、100Hz 和 1kHz 三个频率处的功率谱密度大小，还提供了 0.1～10 Hz 带宽内电压噪声的峰峰值。

参数	符号	测试条件/注释	最小值	典型值	最大值	单位
噪声性能						
峰峰值噪声	e_n p-p	0.1Hz至10Hz		0.15		μV
电压噪声谱密度	e_n	f=10Hz		5.5		nV/√Hz
		f=100Hz		3.6		nV/√Hz
		f=1kHz		3.3		nV/√Hz
电流噪声谱密度	i_n	f=1kHz		4.5		fA/√Hz

图 2-17　运放 ADA4625-1 噪声参数

ADA4625-1 数据手册中也提供了电压噪声谱密度图，如图 2-18 所示，横轴是对数坐标，可以看到 1/f 噪声和宽带噪声区域，转折频率 f_c 在 200Hz 左右。

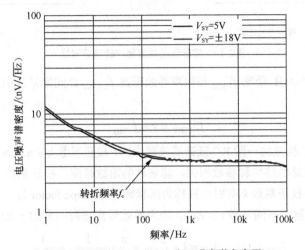

图 2-18　运放 ADA4625-1 电压噪声谱密度图

4．噪声等效带宽

噪声等效带宽（Noise equivalent bandwidth，NEBW），是噪声计算和低通系统带宽分析中经常遇到的术语，有时也称为等效噪声带宽（Effective noise bandwidth，ENBW）。

假定理想低通滤波器（Low pass filter，LPF）的截止频率（Cut-off frequency）为 f_c，那么频率低于 f_c 的信号将无损通过，频率高于 f_c 的信号将被全部被阻断。滤波器的幅频特性曲线形状会呈矩形，称为矩形滤波器或砖墙滤波器（Brick-wall filter），频率 f_c 也称为砖墙频率。以 f_c 为界，两边区域分别称为通带（Pass band）和阻带（Stop band）。

实际的低通滤波器，其幅频特性曲线形状并不是矩形，从通带到阻带总会存在着一个过渡带。虽然也有截止频率为 f_c 的说法，但在 f_c 处信号其实并没有被真正的截止，只是相比通带中的幅值衰减了 3dB（即 70.7%），称为 –3dB 带宽更准确一些，一般会用符号 f_{-3dB} 来表示。从功率的角度，频率 f_c 处的输出功率只有输入功率的一半，也称半功率带宽。

白噪声在频域上具有无限宽度，由于实际低通滤波器的幅频滚降速度有限，过渡带内的噪声就不可避免地要采用积分运算。如果能把实际低通滤波器等效成一个理想砖墙滤波器，那就只需要关注通带内的噪声，可以大大简化计算。

假定有一个白噪声源，通过截止频率为 f_{-3dB} 的低通滤波器，对比通过截止频率为 f_{NEBW} 的理想砖墙滤波器，如果输出端的平均功率相等，那 f_{NEBW} 就称为 f_{-3dB} 的噪声等效带宽，如图 2-19（a）所示。通带增益归一化到 1.0，将实际低通滤波器和等效砖墙滤波器的幅频曲线放在一起，如图 2-19（b）所示。

跨阻放大器设计参考

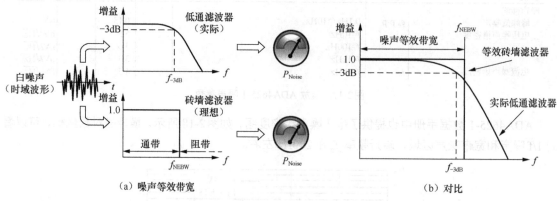

（a）噪声等效带宽　　　　　　　　　　　　　　　（b）对比

图2-19　实际低通滤波器与砖墙滤波器

实际低通滤波器的–3dB 带宽 f_{-3dB} 与噪声等效带宽 f_{NEBW} 之间常常会引入一个系数 k，用于两者之间的快速计算：

$$f_{NEBW} = k \times f_{-3dB} \qquad （公式 2.5）$$

以电阻 R 和电容 C 构成的一阶 RC 低通滤波器为例，校正系数 $k = \pi/2 \approx 1.57$。其他类型低通滤波器的校正系数，与电路的结构和参数相关。滤波器的阶数越高，校正系数 k 越接近于 1，也就越接近理想砖墙滤波器，校正系数 k 有时也被称为形状因子（Shape factor）。

一阶 RC 低通滤波器，时间常数 $\tau = RC$，噪声等效带宽与时间常数 τ 之间的换算关系为：

$$f_{NEBW} \Big|_{-阶RC低通} = k \times f_{-3dB} = \frac{\pi}{2} \times \frac{1}{2\pi \cdot RC} = \frac{1}{4 \cdot \tau} \qquad （公式 2.6）$$

> **小提示**　虽然理想砖墙滤波器在现实中是不存在的，但在噪声的数学分析时，却能提供简化计算的便利。

5. 运放噪声增益

通常讨论运放电路放大倍数的时候，指的都是信号增益。而噪声增益（Noise Gain）指的是电路对噪声的放大倍数，噪声增益与信号增益是有区别的。

运放自身的噪声建模成一个电压源 V_{noise}，一般等效存在于同相输入端，同相放大和反相放大模式下的运放电路如图 2-20 所示。分析噪声增益时，假定输入 $V_{in} = 0$，关注 V_{noise} 的放大倍数，在图 2-20 中可以设想将 V_{in} 做接地处理，观察电路能够看出，两个电路的噪声增益都是一样的：$NoiseGain = 1 + R_2/R_1$。

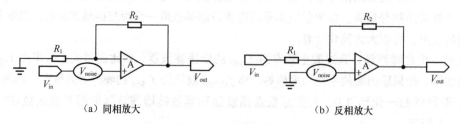

（a）同相放大　　　　　　　　　　　　　（b）反相放大

图2-20　运放噪声增益

同相放大电路的噪声增益与信号增益是相同的，而反相放大电路，需要区分噪声增益与信号增益。在跨阻放大器电路中，由于还有电容的存在，噪声增益的分析会变得更加复杂。

6. 折算到输入端

电路中的噪声，如果折算到输入端来考察，称为 RTI（Refer to input）噪声；如果折算到输出端来考察，称为 RTO（Refer to output）噪声。运放噪声的讨论中，通常都将噪声折算到输入端 RTI，有些文献中也将 RTI 噪声称为输入端参考噪声（Input-referred noise）。

运算放大器电路中一般存在多个噪声源，噪声分析中常见的做法是分别计算每个噪声源在输出端的贡献，按照 RSS 的方式叠加，得到输出端总噪声 $\text{Noise}|_{\text{RTO}}$，然后根据电路的噪声增益 NoiseGain，计算输入端噪声 $\text{Noise}|_{\text{RTI}}$：

$$\text{Noise}|_{\text{RTI}} = \text{Noise}|_{\text{RTO}} \div \text{NoiseGain}$$

（公式 2.7）

无论是采用将噪声折算到输入端（RTI），还是折算到输出端（RTO），都是为了便于考察噪声在系统中的影响。

2.3 稳定性补偿

光电二极管中寄生的结电容，会在跨阻放大器电路的频响函数中引入不必要的零点，给系统带来潜在的不稳定因素，因此需要对电路做稳定性分析和补偿设计。

2.3.1 噪声增益

运放电路的稳定性由噪声增益决定，而不是信号增益。因为噪声在电路中无处不在，如果稳定性不够，即使没有输入信号，非常小的噪声也可能引起电路振荡。本节将利用噪声增益波特图来分析跨阻放大器电路的稳定性补偿，而噪声增益的定量分析将在"2.5 噪声分析"节中描述。

1. 跨阻放大器的噪声增益

跨阻放大器电路的噪声增益分析中，假定光电流不存在，将运放自身的噪声等效成一个电压源 V_{noise}，位于同相输入端，如图 2-21（a）所示。

源电阻 R_S 和源电容 C_S 并联后的复阻抗为 $Z(R_S /\!/ C_S)$，噪声增益的频响函数 $\text{NoiseGain}(j\omega)$：

$$\text{NoiseGain}(j\omega) = 1 + \frac{R_F}{Z(R_S /\!/ C_S)} = 1 + \frac{R_F}{\dfrac{R_S}{1 + j\omega R_S C_S}} = 1 + \frac{R_F}{R_S} + j\omega R_F C_S$$

（公式 2.8）

从 $\text{NoiseGain}(j\omega)$ 表达式可以看出，存在着一个零点 f_z：

$$f_z = \frac{1}{2\pi} \cdot \frac{R_F + R_S}{R_S \cdot R_F \cdot C_S}$$

（公式 2.9）

噪声增益的波特图中，频率超过零点 f_z 之后，噪声增益会以+20dB/Dec（20dB 每 10 倍频）的速率升高，如图2-21（b）中的实线所示。图中 $A_{\text{ol}}(j\omega)$ 虚线是运放的开环增益，噪声增益曲线与运放开环增益曲线会在某一点垂直相交，这意味着跨阻放大器电路是不稳定的，所以系统需要增加稳定性补偿措施。

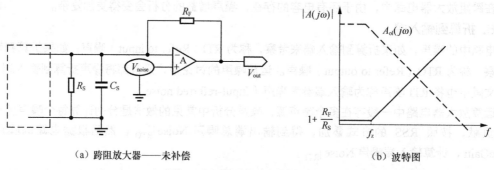

（a）跨阻放大器——未补偿　　　　　　　（b）波特图

图 2-21　跨阻放大器的噪声增益

> **小提示**
>
> 对跨阻放大器电路进行稳定性分析，本节中采用了噪声增益闭环传递函数，有些文献会基于噪声增益的开环传递函数，虽然方法不同，但结论是一致的。

2. 补偿电容

跨阻放大器电路的稳定性补偿，通常是给电阻 R_F 并联一个电容 C_F，如图2-22（a）中所示，这个电容也称作补偿电容或反馈电容。

电阻 R_F 和电容 C_F 并联后的复阻抗为 $Z(R_F /\!/ C_F)$，增加补偿后噪声增益的频响函数 $\mathrm{NoiseGain}(j\omega)$：

$$\mathrm{NoiseGain}(j\omega) = 1 + \frac{Z(R_F /\!/ C_F)}{Z(R_S /\!/ C_S)} = 1 + \frac{\dfrac{R_F}{1+j\omega R_F C_F}}{\dfrac{R_S}{1+j\omega R_S C_S}} = \frac{R_S \cdot (1+j\omega R_F C_F) + R_F \cdot (1+j\omega R_S C_S)}{R_S \cdot (1+j\omega R_F C_F)}$$

（公式 2.10）

$$= \left(1 + \frac{R_F}{R_S}\right) \cdot \frac{1 + j\omega\left(\dfrac{R_F \cdot R_S}{R_F + R_S}\right)(C_F + C_S)}{1 + j\omega R_F C_F}$$

如果反馈电阻 R_F 的值远小于源电阻 R_S 的值，即 $R_F \ll R_S$ 的情况下，$\mathrm{NoiseGain}(j\omega)$ 简化为：

$$\mathrm{NoiseGain}(j\omega) = \frac{1 + j\omega R_F(C_F + C_S)}{1 + j\omega R_F C_F}$$

（公式 2.11）

从 $\mathrm{NoiseGain}(j\omega)$ 表达式可以看出，存在着一个零点 f_z 和一个极点 f_p：

$$f_z = \frac{1}{2\pi \cdot R_F \cdot (C_F + C_S)} \ , \ f_p = \frac{1}{2\pi \cdot R_F \cdot C_F}$$

（公式 2.12）

对比零点 f_z 和极点 f_p 表达式，由于 $(C_F + C_S) > C_F$，所以零点 f_z 的频率低于极点 f_p 的频率。增加补偿电容 C_F 后噪声增益的波特图如图2-22（b）所示，噪声增益曲线在极点 f_p 之后变平，与运放开环增益 $A_{ol}(j\omega)$ 曲线不再垂直相交，因此电路会是稳定的。

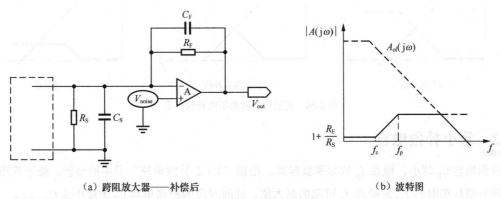

（a）跨阻放大器——补偿后　　　　　　　　　　　（b）波特图

图2-22　跨阻放大器之补偿电容

2.3.2　补偿策略

噪声增益 NoiseGain$(j\omega)$ 波特图中极点 f_p 的位置，由电阻 R_F 和电容 C_F 决定，因此跨阻放大器电路中补偿电容 C_F 的选择是关键。

1. 策略对比

电阻 R_F 不变的情况下，改变补偿电容 C_F 的大小，极点 f_p 频率的位置也会跟着变化，根据极点与运放开环增益 $A_{ol}(j\omega)$ 曲线的相对位置，可能会有 3 种结果：极点 f_{p1} 位于 $A_{ol}(j\omega)$ 曲线的外侧，如图2-23（a）所示；极点 f_{p2} 位于 $A_{ol}(j\omega)$ 曲线上，如图 2-23（b）所示；极点 f_{p3} 位于 $A_{ol}(j\omega)$ 曲线的内侧，如图2-23（c）所示。

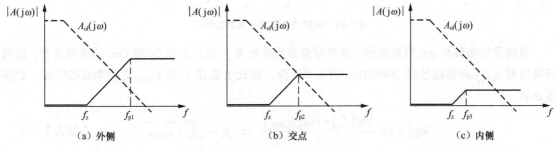

（a）外侧　　　　　　　　　　（b）交点　　　　　　　　　　（c）内侧

图2-23　跨阻放大器补偿对比

虽然 C_F 的变化也会影响到零点 f_z 的位置，但零点位置并不是决定系统稳定性的关键因素，分析时可以做合理的简化。

2. 实际噪声增益

结合运放的开环增益 $A_{ol}(j\omega)$ 曲线，分析图2-23 中 3 种补偿情况下的实际噪声增益特性。图2-24（a）所示的补偿结果：跨阻放大器电路的稳定性其实没有得到满足，仍然处于非稳定状态，这称为欠补偿（Under-compensation）。图2-24（b）所示的补偿结果：跨阻放大器电路处于临界稳定状态，这称为临界补偿。图2-24（c）的补偿结果：跨阻放大器电路是稳定的，这称为过补偿（Over-compensation）。

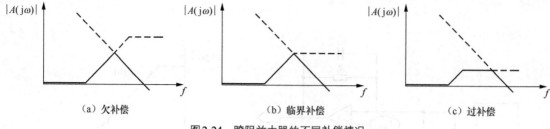

（a）欠补偿　　　　　　　　　（b）临界补偿　　　　　　　　　（c）过补偿

图 2-24　跨阻放大器的不同补偿情况

2.3.3　最小补偿电容

补偿电容 C_F 越小，极点 f_p 的频率就越高。根据"2.3.2 补偿策略"节中的分析，处于跨阻放大器临界补偿状态时的 f_{pz} 是极点 f_p 可取的最大值，此时对应的补偿电容 C_F 为最小值 $C_{F(min)}$。

1. 分析与计算

为了不失一般性，基于过补偿跨阻放大器的噪声增益波特图进行分析，如图 2-25 所示，图中除了零点 f_z 和极点 f_p 之外，另外定义了三个频率点：f_i 是不加补偿电容时噪声增益曲线与运放开环增益曲线的交点，f_N 是增加补偿电容后的交点，f_{GBW} 是运放开环增益为 1 时的单位增益频率。

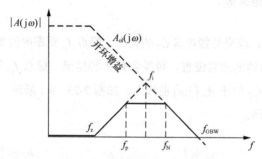

图 2-25　跨阻放大器噪声增益波特图

波特图的横轴是 log 对数坐标，噪声增益曲线在零点 f_z 之后是以 20dB/Dec 的速率上升，运放开环增益 $A_{ol}(j\omega)$ 曲线是以 20dB/Dec 的速率下降，因此 f_i 会在 f_z 与 f_{GBW} 之间中点的位置，数学表达式：

$$\log(f_i) = \frac{\log(f_z) + \log(f_{GBW})}{2} \Rightarrow f_i = \sqrt{f_z \times f_{GBW}} \qquad （公式 2.13）$$

在临界补偿情况下有 $f_p = f_i$，将"2.3.1 噪声增益"节中零点 f_z 和极点 f_p 的公式代入公式 2.13：

$$\frac{1}{2\pi} \times \frac{1}{R_F C_F} = \sqrt{\frac{1}{2\pi} \times \frac{1}{R_F \cdot (C_F + C_S)} \times f_{GBW}} \qquad （公式 2.14）$$

公式 2.14 展开：

$$2\pi \cdot R_F \cdot f_{GBW} \cdot C_F{}^2 - C_F - C_S = 0 \qquad （公式 2.15）$$

公式 2.15 求解，只保留正根，得到：

$$C_F = \frac{1}{4\pi \cdot R_F \cdot f_{GBW}} \left(1 + \sqrt{1 + 8\pi \cdot R_F \cdot C_S \cdot f_{GBW}} \right) \qquad （公式 2.16）$$

公式 2.16 计算得到 C_F 的值，就是最小补偿电容 $C_{F(min)}$ 的大小。

2. 简化计算

以上最小补偿电容 $C_{F(min)}$ 的计算公式非常复杂，在补偿电容 C_F 比源电容 C_S 小很多的情况下，做 $\left(C_F + C_S\right) \approx C_S$ 的简化，得到最小补偿电容 $C_{F(min)}$ 的一个简化计算公式：

$$C_{F(min)} = \sqrt{\frac{1}{2\pi} \cdot \frac{C_S}{R_F \times f_{GBW}}} \qquad （公式 2.17）$$

需要注意的是，如果补偿电容 C_F 的计算结果与源电容 C_S 在同一个数量级，$\left(C_F + C_S\right) \approx C_S$ 的前提就不再成立，无法采用简化公式进行计算。

> **小提示**　运放的增益带宽积 GBW 看起来是一个定值，但实际上会随器件批次、温度的不同有一定的波动，因此最小补偿电容 $C_{F(min)}$ 的计算结果只是一个理论参考值。

2.3.4　阶跃响应

阶跃响应（Step response）是当系统输入端有一个从低到高（或从高到低）的快速跳变时，输出端的响应结果。如果采用脉冲信号来考察，阶跃响应也称脉冲响应。

1. 简介

通过相位裕量大小来判断系统稳定性，在数学上严谨，但需要得到传递函数，计算复杂而且并不直观。实际应用中经常利用阶跃响应来考察系统的稳定性，如果输出响应的上升/下降沿中出现过冲甚至振荡，说明系统稳定性差，过冲越大说明相位裕量越低，甚至还可以根据过冲的幅度来估计相位裕量的大小。将阶跃变化归一化到 1.0，在相位裕量为 45°、60°、90° 的情况下，单位阶跃响应结果如图 2-26 所示。

系统相位裕量低，稳定性差，阶跃响应的过冲就会加剧。相位裕量越大，虽然系统更加稳定，但响应速度减慢，输出信号的建立时间（Settling time）也会变长。

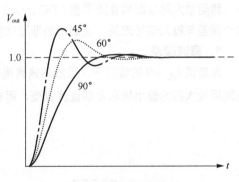

图2-26　阶跃响应与过冲

> **小提示**　相位裕量和建立时间两者之间存在着相互制约的关系，实际设计中相位裕量一般选择在 55°~70°。

2. 输出振荡

在 "2.3.2 补偿策略" 节中，根据波特图和极点位置分析了跨阻放大器电路的欠补偿、临界补偿和过补偿，实际应用中，根据脉冲响应的结果也能得到一样的结论。

如果跨阻放大器电路的脉冲响应中出现剧烈的振荡，如图 2-27（a）所示，这是由于系统稳定性没有得到满足，仍然处于欠补偿状态。如果脉冲响应中仅有小幅振荡，如图 2-27（b）所示，则系统处于临界补偿状态。如果脉冲响应中没有出现振荡，如图 2-27（c）所示，系统就是在过补偿状态。

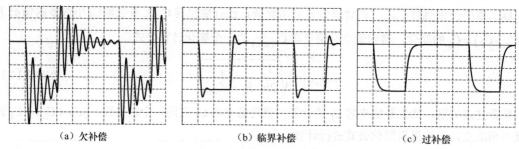

（a）欠补偿　　　　　　　　　（b）临界补偿　　　　　　　　　（c）过补偿

图 2-27　脉冲响应与补偿状态

工作稳定的跨阻放大器电路通常在过补偿状态，但如果补偿过度的话，也会造成系统带宽变窄，信号上升/下降的边沿变得缓慢，建立时间变长。

2.4　信号传输特性

跨阻放大器电路的稳定性补偿得到满足之后，在应用中更关心的是其信号传输特性，包括直流误差和交流响应特性等。

2.4.1　直流误差

跨阻放大器电路的直流误差（DC error），指的是没有光信号输入情况下，在输出端存在的误差。这个误差与输入信号无关，是运放的非理想特性导致的，也称为偏置误差（Offset error）。

1. 直流误差

光电流 $I_{ph}=0$ 的情况下，运放的偏置电流 I_B 和失调电压 V_{os} 是直流误差的主要贡献因素，如果在跨阻放大器的输出端来考察直流误差，用符号 V_{DC_error} 来表示，如图 2-28 所示。

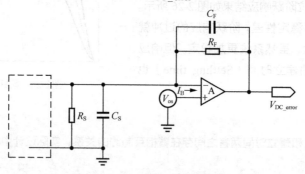

图 2-28　跨阻放大器电路直流误差

偏置电流 I_B 的方向可能正也可能负，在运放的反相输入端，I_B 相当于"窃取"或"添加"一部分电流到光电二极管输出光电流 I_{ph} 中。此处假定 I_B 方向是进入运放，偏置电流 I_B 对直流误差的贡献：

$$V_{DC\_error}\mid_{I_B} = I_B \times R_F \qquad\qquad （公式 2.18）$$

运放失调电压 V_{os} 对直流误差的贡献：

$$V_{\text{DC\_error}}\big|_{V_{\text{os}}} = V_{\text{os}} \times \left(1 + \frac{R_{\text{F}}}{R_{\text{S}}}\right) \qquad \text{（公式 2.19）}$$

跨阻放大器输出端总直流误差 $V_{\text{DC\_error}}(\text{RTO})$：

$$V_{\text{DC\_error}}(\text{RTO}) = V_{\text{DC\_error}}\big|_{I_{\text{B}}} + V_{\text{DC\_error}}\big|_{V_{\text{os}}} = (I_{\text{B}} \times R_{\text{F}}) + V_{\text{os}} \times \left(1 + \frac{R_{\text{F}}}{R_{\text{S}}}\right) \quad \text{（公式 2.20）}$$

增益电阻 R_{F} 越大，偏置电流 I_{B} 造成的直流误差就越大，因此需要选择 I_{B} 尽可能小的运放。对失调电压 V_{os} 来说，室温条件下一般 $R_{\text{F}} \ll R_{\text{S}}$，增益（$1 + R_{\text{F}}/R_{\text{S}}$）略大于 1，因此失调电压 V_{os} 被运放电路放大的程度有限。

> **小提示** 虽然直流偏置误差 $V_{\text{DC\_error}}$ 可以被校准，但由于运放输出端摆幅范围是有限的，$V_{\text{DC\_error}}$ 的存在将减小输出信号的动态范围。

2. 调零补偿

多数情况下，希望在光电流 $I_{\text{ph}} = 0$ 的情况下得到 $V_{\text{out}} = 0\text{V}$ 的结果。因此采取一些措施，将跨阻放大器输出端的直流偏置误差 $V_{\text{DC\_error}}$ 抵消掉，这称为调零补偿，或者零点校准。英文文献中称其为 "Offset nulling" "DC cancellation" 或者 "DC compensation" 等。

跨阻放大器电路中常用的一种调零方式是在运放的同相输入端添加一个电阻 R_{C}，如图2-29所示，这个电阻也被称为直流补偿电阻，阻值大小为：$R_{\text{C}} = R_{\text{F}} /\!/ R_{\text{S}}$。假定运放输入端的偏置电流为 $I_{\text{B+}}$ 和 $I_{\text{B-}}$，方向如图中所示，以下分析 R_{C} 的作用和对电路带来的影响。

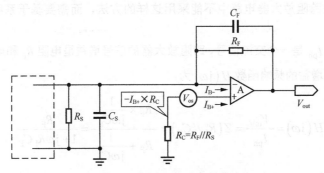

图2-29　跨阻放大器电路调零补偿

偏置电流 $I_{\text{B+}}$ 在 R_{C} 两端产生 $-(I_{\text{B+}} \times R_{\text{C}})$ 的压降，与运放的失调电压 V_{os} 叠加，运放输出端的总直流误差 $V_{\text{DC\_error}}(\text{RTO})$ 为：

$$V_{\text{DC\_error}}(\text{RTO}) = V_{\text{DC\_error}}\big|_{I_{\text{B-}}} + V_{\text{DC\_error}}\big|_{V_{\text{os}}\&I_{\text{B+}}}$$

$$= (I_{\text{B-}} \times R_{\text{F}}) + (V_{\text{os}} - I_{\text{B+}} \times R_{\text{C}}) \times \left(1 + \frac{R_{\text{F}}}{R_{\text{S}}}\right) \qquad \text{（公式 2.21）}$$

一般情况下 $R_{\text{F}} \ll R_{\text{S}}$，于是 $R_{\text{C}} \approx R_{\text{F}}$，另外假定 $I_{\text{B+}} = I_{\text{B-}}$，公式 2.21 简化为：

$$V_{\text{DC\_error}}(\text{RTO}) \approx I_{\text{B-}} \times R_{\text{F}} + (V_{\text{os}} - I_{\text{B+}} \times R_{\text{F}}) \Rightarrow V_{\text{DC\_error}}(\text{RTO}) \approx V_{\text{os}} \quad \text{（公式 2.22）}$$

公式 2.22 可以看出，电路中增加了补偿电阻 R_{C} 以后，如果 $I_{\text{B+}} = I_{\text{B-}}$，那么偏置电流 I_{B} 带来的

直流误差可以被消除，只剩下运放失调电压 V_{os} 带来的直流误差。

增加补偿电阻 R_C 看起来是不错的调零措施，但存在着一定的弊端：其一，$V_{DC\_error}(RTO) \approx V_{os}$ 的推导是基于 $I_{B+} = I_{B-}$ 的假定，但实际上这两个值是不一致的，运放参数中的失调电流 I_{os} 描述的就是这个差异，补偿电阻 R_C 无法解决 I_{os} 对电路带来的影响。其二，运放同相输入端的电流噪声经过补偿电阻 R_C 后，转换成电压噪声，再加上电阻 R_C 自身的热噪声，都会被电路放大。

2.4.2 信号增益和信号带宽

跨阻放大器电路的信号增益和信号带宽，是基于系统的频响函数进行分析的，本节公式推导中，假定运放是理想的，不会对电路性能产生影响。

1. 信号增益

讨论跨阻放大器电路的信号增益时，通常指的是直流增益。在直流信号情况下，补偿电容 C_F 相当于开路，输入光电流信号 I_{ph} 经过电阻 R_F 后在运放输出端的电压 $V_{out} = I_{ph} \times R_F$，信号增益 SignalGain 为：

$$\text{SignalGain} = \frac{V_{out}}{I_{ph}} = R_F \, (\Omega) \qquad (\text{公式 } 2.23)$$

V_{out} 的单位为 V（伏特），I_{ph} 的单位为 A（安培），信号增益 SignalGain 的单位是 Ω（ohm，欧姆）。跨阻放大器的信号增益在有些文献中用符号 $T_Z\text{Gain}$ 来表示，也常称为跨阻增益，电阻 R_F 也称为增益电阻。

2. 信号带宽

运放同相放大电路的带宽估算，只要简单的计算"增益带宽积（GBW）÷ 信号增益（SignalGain）"就得到了带宽。但在跨阻放大器电路中不能采用这样的方法，而需要基于系统频响函数的幅频特性来分析。

假定输入光电流 I_{ph} 是一个交流信号，跨阻放大器的信号增益是电阻 R_F 和电容 C_F 并联后的复阻抗 $Z(R_F // C_F)$，信号增益的频响函数 $H(j\omega)$ 为：

$$H(j\omega) = \frac{V_{out}}{I_{ph}} = Z(R_F // C_F) = \frac{R_F \times \dfrac{1}{j\omega C_F}}{R_F + \dfrac{1}{j\omega C_F}} = \frac{R_F}{1 + j\omega R_F C_F} \qquad (\text{公式 } 2.24)$$

跨阻放大器输出电压 V_{out} 的幅值和相位都会随着频率的变化而发生变化。相比 100% 幅值下降 3dB（也即下降至 70.7%）时对应的频率值，定义为跨阻放大器的信号带宽 BW_{Signal}。根据频响函数 $H(j\omega)$ 可以得到：

$$BW_{Signal} = \frac{1}{2\pi R_F C_F} \qquad (\text{公式 } 2.25)$$

小提示

在满足稳定性补偿的条件下，跨阻放大器电路的信号带宽 BW_{Signal} 由增益电阻 R_F 和补偿电容 C_F 决定。

3. 最大可获得信号带宽

从信号带宽 $\mathrm{BW}_{\mathrm{Signal}}$ 的计算公式可以看出，它的值就是噪声增益 $\mathrm{NoiseGain}(\mathrm{j}\omega)$ 中极点 f_{p} 的频率值。如果把噪声增益和信号增益放在同一个波特图中，如图2-30所示。

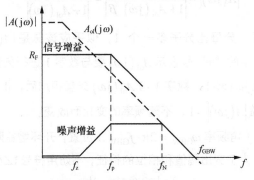

图2-30　噪声增益和信号增益

增益电阻 R_{F} 确定的情况下，理论上来说，补偿电容 C_{F} 越小，信号带宽 $\mathrm{BW}_{\mathrm{Signal}}$ 就可以越大。但补偿电容有最小值 $C_{\mathrm{F(min)}}$ 的约束，因此在 $C_{\mathrm{F}}=C_{\mathrm{F(min)}}$ 的临界补偿状态，此时信号带宽 $\mathrm{BW}_{\mathrm{Signal}}$ 就是跨阻放大器电路所能获得的最大信号带宽 $\mathrm{BW}_{\mathrm{Signal(max)}}$。

在波特图中，$\mathrm{BW}_{\mathrm{Signal(max)}}$ 会位于零点 f_{z} 和运放 f_{GBW} 之间中点的位置，建立等式：

$$\mathrm{BW}_{\mathrm{Signal(max)}} = \sqrt{f_{\mathrm{z}} \times f_{\mathrm{GBW}}} = \sqrt{\frac{1}{2\pi} \times \frac{1}{R_{\mathrm{F}} \cdot (C_{\mathrm{F}} + C_{\mathrm{S}})} \times f_{\mathrm{GBW}}} \qquad （公式 2.26）$$

在 $C_{\mathrm{F}} \ll C_{\mathrm{S}}$ 的情况下，计算简化为：

$$\mathrm{BW}_{\mathrm{Signal(max)}} \approx \sqrt{\frac{1}{2\pi} \times \frac{f_{\mathrm{GBW}}}{R_{\mathrm{F}} \cdot C_{\mathrm{S}}}} \qquad （公式 2.27）$$

以上简化公式也是很多文献中常见的信号带宽计算公式，这实际上是在 $C_{\mathrm{F}}=C_{\mathrm{F(min)}}$ 的临界补偿下，根据运放的增益带宽积 GBW、增益电阻 R_{F}、源电容 C_{S} 等参数，跨阻放大器电路能够获得的最大信号带宽 $\mathrm{BW}_{\mathrm{Signal(max)}}$。在补偿电容 $C_{\mathrm{F}}>C_{\mathrm{F(min)}}$ 的过补偿情况下，信号带宽 $\mathrm{BW}_{\mathrm{Signal}}$ 仍然由增益电阻 R_{F} 和补偿电容 C_{F} 决定，且一定低于最大可获得信号带宽。

4. 幅频峰化

在补偿电容 $C_{\mathrm{F}}=C_{\mathrm{F(min)}}$ 的临界补偿状态下，跨阻放大器虽然获得了最大信号带宽 $\mathrm{BW}_{\mathrm{Signal(max)}}$，但幅频响应曲线中会出现增益隆起的现象，这也被称为幅频峰化（Peaking），如图2-31所示。幅频峰化的产生是因为电路此时的相位裕量只有45°左右，本节将分析相位裕量对幅频曲线的影响。

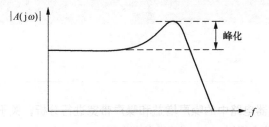

图2-31　幅频峰化现象

为了使读者容易理解幅频峰化现象，以工作在跟随模式的运放电路为例进行分析。幅频特性实际上考察运放闭环幅频响应特性 $A(j\omega)$ 的模，假定运放的开环增益为 $A_{ol}(j\omega)$，此时反馈系数 $\beta = 1$，闭环幅频增益：

$$\left|A(j\omega)\right| = \left|\frac{A_{ol}(j\omega)}{1 + A_{ol}(j\omega) \cdot \beta}\right| = \frac{\left|A_{ol}(j\omega)\right|}{\left|1 + A_{ol}(j\omega)\right|} \qquad \text{（公式 2.28）}$$

从 $\left|A(j\omega)\right|$ 表达式来看，分母比分子多一个 1，似乎应该总是 $\left|A(j\omega)\right| < 1$ 才对，但开环增益 $A_{ol}(j\omega)$ 是一个矢量，分母中的 "+" 号表示 $A_{ol}(j\omega)$ 要与数字 1 进行矢量相加。

频率较低的时候，$A_{ol}(j\omega) \gg 1$，数字 1 与 $A_{ol}(j\omega)$ 矢量相加后，$\left|1 + A_{ol}(j\omega)\right| \approx \left|A_{ol}(j\omega)\right|$，对模的影响可以忽略，闭环增益 $\left|A(j\omega)\right| = 1$，不随频率的变化而改变。

在单位增益频率 f_{GBW}（角频率 $\omega_{GBW} = 2\pi \cdot f_{GBW}$）位置，开环增益降为 1，即 $\left|A_{ol}(j\omega_{GBW})\right| = 1$，假定此时运放的相移为 θ，为了突出幅值和相位的特征，不妨用符号 $1\angle\theta$ 来表示，闭环幅频增益为：

$$\left|A(j\omega_{GBW})\right| = \frac{\left|A_{ol}(j\omega_{GBW})\right|}{\left|1 + A_{ol}(j\omega_{GBW})\right|} = \frac{1}{\left|1 + 1\angle\theta\right|} \qquad \text{（公式 2.29）}$$

以相移 θ 为 135° 和 120° 为例，对应的相位裕量为 45° 和 60°，借助单位 1 的圆，分析 $1\angle\theta$ 与数字 1 矢量相加时的结果。图 2-32（a）中是 $A_{ol}(j\omega_{GBW}) = 1\angle135°$ 的情况，与数字 1 矢量相加后的模只有 0.765，闭环幅频增益 $\left|A(j\omega_{GBW})\right|$ 变成 $1/0.765 = 1.307$，大约是 2.3dB，这就是幅频特性曲线中峰化隆起的原因。图 2-32（b）中是 $A_{ol}(j\omega_{GBW}) = 1\angle120°$ 的情况，与数字 1 矢量相加后的模是 1.0，闭环幅频增益 $\left|A(j\omega_{GBW})\right|$ 仍然保持 1.0，幅频特性曲线中就不会出现峰化隆起。

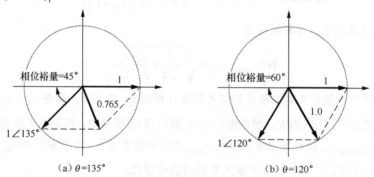

（a）$\theta=135°$　　　　　　　　（b）$\theta=120°$

图2-32　运放闭环幅频峰化分析

> **小提示**
> 运放的开环增益实际上是一个矢量，包含着模与辐角，而闭环增益关注的是矢量合成后的模。

2.5　噪声分析

本节中将对跨阻放大器电路中的噪声增益和噪声带宽进行分析，关于光电二极管自身的噪声，已经在 "1.3 噪声分析" 节介绍过。

2.5.1 噪声特性

跨阻放大器电路中由于源电容 C_S 和补偿电容 C_F 的存在，会在系统频响函数中引入零点和极点，造成电路的噪声特性与信号传输特性完全不同，因此需要特别关注噪声增益和噪声带宽。

1. 噪声增益

典型的跨阻放大器电路如图2-33（a）所示，由于分析对象是噪声增益（NoiseGain，NG），图中特意将光电流 I_{ph} 去掉。回顾"2.3.1 噪声增益"节中噪声增益频响函数 $NoiseGain(j\omega)$ 的简化公式 2-11：

$$NoiseGain(j\omega) = \frac{1 + j\omega R_F (C_F + C_S)}{1 + j\omega R_F C_F} \quad （公式 2.30）$$

频响函数中存在着一个零点 f_z 和一个极点 f_p：

$$f_z = \frac{1}{2\pi \cdot R_F \cdot (C_F + C_S)}, \; f_p = \frac{1}{2\pi \cdot R_F C_F} \quad （公式 2.31）$$

绘制噪声增益频响函数 $NoiseGain(j\omega)$ 的波特图，在低频段和高频段，由于电阻和电容对噪声增益的影响不一样，波特图会呈现梯形的样子，如图2-33（b）所示。

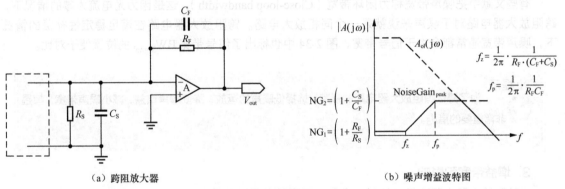

（a）跨阻放大器　　　　　　　　　　　　　　（b）噪声增益波特图

图2-33　跨阻放大器噪声增益波特图

频率很低的时候，源电容 C_S 和补偿电容 C_F 等效为开路，此时噪声增益由反馈电阻 R_F 与源电阻 R_S 的比值决定，定义为低频噪声增益 $NG_1 = 1 + R_F / R_s$。一般情况下 $R_F << R_S$，所以 $NG_1 \approx 1$。

随着频率的提高，超过零点 f_z 之后，电容容抗的影响开始变得明显，噪声增益会以+20dB/Dec（20dB 每 10 倍频）的速率增加。

频率超过极点 f_p 之后，高频段噪声增益由反馈电容 C_F 和源电容 C_S 的容抗决定，定义为高频噪声增益 NG_2。这个区间内的噪声增益保持一个常数，在波特图上呈现为一段平坦区，也称为噪声增益峰值 $NoiseGain_{peak}$ 或者高原增益（Plateau gain），计算公式：

$$NoiseGain_{peak} = 1 + \frac{\dfrac{1}{j\omega C_F}}{\dfrac{1}{j\omega C_S}} = 1 + \frac{C_S}{C_F} \quad （公式 2.32）$$

频率继续提高，由于实际运放的开环增益总是有限的，噪声增益平坦区一定会在某个位置与运放的开环增益曲线相交，然后噪声增益以–20dB/Dec 的速率下降。

2. 噪声带宽

传统运放电路讨论带宽的时候往往指信号带宽，但在跨阻放大器电路中有噪声带宽和信号带宽两个不同的带宽指标。根据图2-34所示的噪声增益波特图，噪声增益曲线与运放开环增益曲线的交点，定义为跨阻放大器电路的噪声带宽 BW_{Noise}，用符号 f_N 表示。

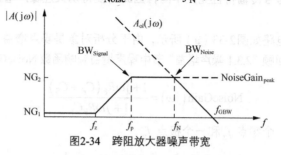

图2-34 跨阻放大器噪声带宽

噪声带宽 BW_{Noise} 可以根据运放的增益带宽积 GBW 和噪声增益峰值 $NoiseGain_{peak}$ 来计算：

$$BW_{Noise} = \frac{GBW}{NoiseGain_{peak}} = \frac{GBW}{1 + \dfrac{C_S}{C_F}} \qquad （公式2.33）$$

有些文献中把噪声带宽称为闭环带宽（Close-loop bandwidth），这是因为光电流为零的情况下，跨阻放大器电路对于噪声来说就是一个同相放大电路。跨阻放大器电路在满足稳定性补偿的情况下，噪声带宽通常都会大于信号带宽，图2-34中也标出了信号带宽 BW_{Signal} 的位置便于对比。

> **小提示**
> 　　为了降低跨阻放大器电路的噪声，选择低噪声的运放，降低噪声增益，减小噪声带宽，都是非常重要的措施。

3. 增益带宽积影响

为跨阻放大器电路选择运放时，有些工程师总觉得增益带宽积 GBW 越大越好，这种想法是错误的。从噪声带宽 BW_{Noise} 的计算公式可以看出，运放的增益带宽积 GBW 越大，噪声带宽就越大，这会导致噪声也越大。

假定有 OpAmp1 和 OpAmp2 两颗运放，除了增益带宽积 GBW1<GBW2 的区别，其他参数相同。在满足稳定性补偿的前提下，利用波特图来分析跨阻放大器电路特性的不同。

信号带宽 BW_{Signal} 由增益电阻 R_F 和补偿电容 C_F 决定，噪声增益峰值 $NoiseGain_{peak} = (1 + C_S / C_F)$ 由补偿电容 C_F、源电容 C_S 决定，因此即使两颗运放的增益带宽积不同，跨阻放大器电路中的噪声增益峰值却是一样的。增益带宽积 GBW1<GBW2，意味着运放的开环增益曲线 $A_{ol}(j\omega)$ -2 会在 $A_{ol}(j\omega)$ -1 的右侧，在同一张波特图中绘制两个噪声增益的示意图，如图2-35所示。

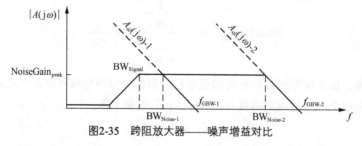

图2-35 跨阻放大器——噪声增益对比

　　分开来对比，运放 OpAmp1 电路的噪声增益波特图如图2-36（a）所示，噪声带宽为 $BW_{Noise-1}$；运放 OpAmp2 电路的噪声增益波特图如图 2-36（b）所示，噪声带宽为 $BW_{Noise-2}$。明显看出 $BW_{Noise-2} > BW_{Noise-1}$。因此在 R_F 和 C_F 相同的情况下，增加运放的增益带宽积，信号带宽并不改变，反而增加了噪声带宽，而这些多出来的带宽并没有任何好处，只会给系统带来更多的噪声。

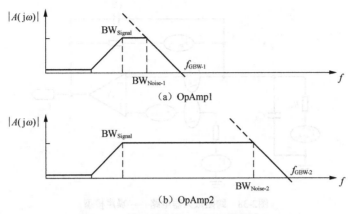

图2-36　跨阻放大器——噪声增益对比

　　跨阻放大器电路的噪声较大时，有些工程师会通过增大补偿电容 C_F 的方式来降低噪声。这种做法可能有一定的效果，但增大 C_F 实际上是降低了噪声增益峰值 $NoiseGain_{peak}$，并没有根本性的减小噪声带宽，反而带来了减小信号带宽的副作用。

4. 1/f 噪声

　　跨阻放大器电路噪声增益波特图中，频率低于零点 f_z 的低频区间，看起来 $NG_1 \approx 1$，但运放自身存在 1/f 噪声，因此整个电路的噪声谱密度会如图2-37 所示。从图形上看会觉得 1/f 噪声占有很大成分，但实际上对电路的影响很小，因为波特图的横轴是对数坐标，所以低频段部分只是看起来特别明显而已。

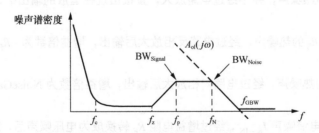

图2-37　跨阻放大器噪声谱密度图（含 1/f 噪声）

　　多数情况下，因为运放 1/f 噪声的转折频率 f_c 都比较低，系统的噪声带宽在 f_c 的 10 倍以上，所以通常会忽略 1/f 噪声带来的影响。后续 "5.2.2 跨阻放大器仿真" 节中，有跨阻放大器的噪声仿真案例，可以看到系统噪声谱密度的仿真结果及总噪声大小。

2.5.2　噪声计算

　　跨阻放大器电路中的噪声源很多，包括电阻的热噪声、运放的电压噪声和电流噪声等，每个噪声源在系统中的位置不同，对系统总噪声的贡献也不一样。

1. 电路噪声模型

以图2-38所示带有调零补偿的跨阻放大器电路为例，其中有六个噪声源：三个电阻的热噪声、运放输入端的电压噪声和电流噪声，分别用 V_{n,R_F}、V_{n,R_S}、V_{n,R_C}、$V_{n,Op}$、$I_{n,+IN}$、$I_{n,-IN}$ 来表示。系统总噪声分析时，先分别计算每个噪声源在输出端的贡献，然后在输出端合并。

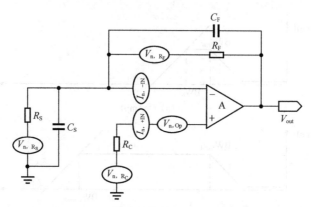

图2-38　跨阻放大器电路——噪声模型

运放电路的噪声分析和计算时，从电压噪声的角度分析比较直观。运放的电流噪声经过电阻转换成电压噪声：反相输入端电流噪声 $I_{n,-IN}$ 通过增益电阻 R_F 转换成电压噪声，同相输入端电流噪声 $I_{n,+IN}$ 通过补偿电阻 R_C 转换成电压噪声。

2. 总噪声计算

噪声通常用功率谱密度来描述，根据积分带宽才能转换成均方根值。因此将跨阻放大器电路中有两个带宽：信号带宽 $\mathrm{BW_{Signal}}$ 和噪声带宽 $\mathrm{BW_{Noise}}$，这两个都是–3dB 带宽，还需要考虑噪声等效带宽的 "×1.57" 系数。实际电路中在跨阻放大器之后可能有低通滤波器来限制带宽，但此处的噪声分析只考虑跨阻放大器电路自身带宽的影响。

- 增益电阻 R_F 的热噪声，并不经过电路放大，直接出现在运放的输出端，其–3dB 带宽与信号带宽相同。
- 输入端源电阻 R_S 的热噪声，经过电路反相放大后输出，增益倍数为 $-R_F/R_S$，其–3dB 带宽与信号带宽相同。
- 补偿电阻 R_C 的热噪声，经过电路同相放大后输出，增益倍数为 NoiseGain，其–3dB 带宽与噪声带宽相同。
- 运放反相端的电流噪声 $I_{n,-IN}$，经过增益电阻 R_F 转换成为电压噪声后，出现在运放的输出端，其–3dB 带宽与信号带宽相同。
- 运放同相端的电流噪声 $I_{n,+IN}$，经过补偿电阻 R_C 转换成为电压噪声后，经过电路同相放大后输出，增益倍数为 NoiseGain，其–3dB 带宽与噪声带宽相同。
- 运放的电压噪声 $V_{n,Op}$，经过电路同相放大后输出，增益倍数为 NoiseGain，其–3dB 带宽与噪声带宽相同。

表2-1 中列出每个噪声源的谱密度、带宽和增益。噪声增益 NoiseGain 在整个噪声带宽内并不是一个固定值，如果精确计算需要分段进行积分累加，实际估算中常常简化，把噪声增益峰值 $\mathrm{NoiseGain_{peak}}$ 简单看作噪声增益的大小。

表2-1　跨阻放大器电路中噪声源

噪声源	符号	谱密度	带宽	增益
增益电阻 R_F 热噪声	V_{n,R_F}	$\sqrt{4kTR_F}$	$1.57 \times BW_{Signal}$	$\times 1$
源电阻 R_S 热噪声	V_{n,R_S}	$\sqrt{4kTR_S}$	$1.57 \times BW_{Signal}$	$\times(-R_F/R_S)$
运放反相端电流噪声	$I_{n,-IN}$	i_n	$1.57 \times BW_{Signal}$	$\times R_F \times 1$
运放电压噪声	$V_{n,Op}$	e_n	$1.57 \times BW_{Noise}$	$\times NoiseGain$
运放同相端电流噪声	$I_{n,+IN}$	i_n	$1.57 \times BW_{Noise}$	$\times R_C \times NoiseGain$
补偿电阻 R_C 热噪声	V_{n,R_C}	$\sqrt{4kTR_C}$	$1.57 \times BW_{Noise}$	$\times NoiseGain$

各个噪声源是不相关的，输出端总噪声 $TIA\_VoltageNoise|_{RTO}$ 采用 RSS 法计算：

$$TIA\_VoltageNoise|_{RTO} = \sqrt{V_{n,R_F}^2 + V_{n,R_S}^2 + I_{n,-IN}^2 + V_{n,Op}^2 + I_{n,+IN}^2 + V_{n,R_C}^2}\ \ （公式 2.34）$$

光电二极管的噪声通常用电流噪声来描述，为了能够直观对比，跨阻放大器的噪声也经常换算到输入端电流噪声 $TIA\_CurrentNoise|_{RTI}$ 来表达，计算公式：

$$TIA\_CurrentNoise|_{RTI} = \frac{TIA\_VoltageNoise|_{RTO}}{R_F}\ \ （公式 2.35）$$

> **小提示**
> 　　增加电阻 R_C 可以补偿运放偏置电流 I_B 带来的直流偏置误差，但也会在系统中贡献噪声成分。如果没有电阻 R_C，可以减少 $I_{n,+IN}$ 和 V_{n,R_C} 两个噪声项。

3. 计算实例

以 ADI 运放 AD8615 和 Hamamatsu 滨松公司光电二极管 S1336-44BK 组成的跨阻放大器电路为例，在增益电阻 $R_F = 1M\Omega$，室温 27℃条件下，计算跨阻放大器电路的总噪声。光电二极管 S1336-44BK 和运放 AD8615 的关键参数可以在数据手册中找到，为了方便计算，整理在表2-2 中。

表2-2　光电二极管和运放关键参数

参数	符号	数值
光电二极管 S1336-44BK		
分流电阻	R_{SH}	600MΩ
结电容	C_J	150pF
运算放大器 AD8615（CMOS OpAmp）		
输入电容（差模）	C_{DM}	2.5pF
输入电容（共模）	C_{CM}	6.7pF
增益带宽积	GBW	24MHz
输入电压噪声谱密度	e_n	$7nV/\sqrt{Hz}$
输入电流噪声谱密度	i_n	$0.05pA/\sqrt{Hz}$

根据光电二极管和运放的参数，忽略 PCB 上寄生电容的存在，源电容 C_S：

$$C_S = C_J + C_{DM} + C_{CM} = 150\text{pF} + 2.5\text{pF} + 6.7\text{pF} = 159.2\text{pF} \quad （公式2.36）$$

运放 AD8615 数据手册中并没有给出输入电阻值，但 COMS 型运放的输入电阻值一般非常大，近似认为源电阻 R_S 等于光电二极管分流电阻 R_{SH} 的大小：$R_S \approx R_{SH} = 600\text{M}\Omega$。

根据源电容 C_S、增益电阻 R_F 和运放 GBW，计算最小补偿电容 $C_{F(min)}$：

$$C_{F(min)} = \sqrt{\frac{1}{2\pi} \cdot \frac{C_S}{R_F \times f_{GBW}}} = 1.03\text{pF} \quad （公式2.37）$$

设计中取补偿电容 $C_F = 4.7\text{pF}$，跨阻放大器电路中各元器件的参数如图2-39（a）所示。

计算跨阻放大器电路传递函数的零点 f_z 和极点 f_p：

$$f_z = \frac{1}{2\pi} \cdot \frac{1}{R_F \cdot (C_F + C_S)} = \frac{1}{2\pi} \cdot \frac{1}{1\text{M}\Omega \cdot (4.7\text{pF} + 159.2\text{pF})} = 971.05\text{Hz}$$

$$f_p = \frac{1}{2\pi} \cdot \frac{1}{R_F C_F} = \frac{1}{2\pi} \cdot \frac{1}{1\text{M}\Omega \cdot 4.7\text{pF}} = 33.86\text{kHz}$$

（公式2.38）

噪声增益峰值：

$$\text{NoiseGain}_{peak} = 1 + \frac{C_S}{C_F} = 1 + \frac{159.2\text{pF}}{4.7\text{pF}} = 34.87 = 30.85\text{dB} \quad （公式2.39）$$

噪声带宽：

$$\text{BW}_{Noise} = \frac{\text{GBW}}{\text{NoiseGain}_{peak}} = \frac{24\text{MHz}}{34.87} = 688.27\text{kHz} \quad （公式2.40）$$

根据计算结果绘制噪声增益的波特图，如图2-39（b）所示，其中信号带宽 $\text{BW}_{Signal} = 33.86\text{kHz}$，噪声带宽 $\text{BW}_{Noise} = 688.27\text{kHz}$。

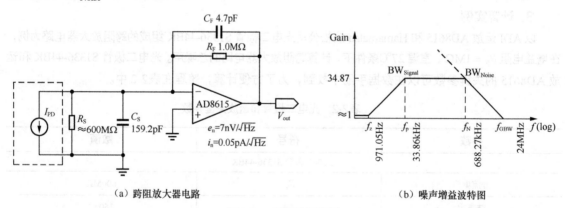

（a）跨阻放大器电路　　　　　　　　（b）噪声增益波特图

图 2-39　噪声计算实例

噪声增益并不是平坦的，理论上要分段进行积分计算，累加后才是噪声大小。但噪声带宽 BW_{Noise} 相比零点 f_z 和极点 f_p 的频率都大得多，简单计算时，假定噪声增益是平坦的，都为 NoiseGain_{peak}。

源电阻 R_S 噪声的增益 $(-R_F / R_S) << 1$，因此这部分噪声可以忽略。系统噪声分析时只需考虑 3 个源：增益电阻 R_F 的热噪声、运放的电压噪声和电流噪声。以下分别计算每个噪声源在运放输出端贡献的 RTO（RMS）噪声。

增益电阻 R_F 的热噪声：

$$V_{n,R_F}\Big|_{RTO} = \left(\sqrt{4kTR_F \times (1.57 \times BW_{Signal})}\right) \times 1$$

$$= \sqrt{4 \times (1.38 \times 10^{-23}\, JK^{-1}) \times (27℃ + 273.15) \times 1M\Omega \times (1.57 \times 33.86kHz)} \times 1 \quad （公式 2.41）$$

$$= 29.67\mu V$$

运放的电压噪声：

$$V_{n,Op}\Big|_{RTO} = \left(e_n \times \sqrt{(1.57 \times BW_{Noise})}\right) \times \left(NoiseGain_{peak}\right)$$

$$= 7nV/\sqrt{Hz} \times \sqrt{1.57 \times 688.27kHz} \times 34.87 \quad （公式 2.42）$$

$$= 253.74\mu V$$

运放反相输入端的电流噪声 $I_{n,IN-}$ 通过增益电阻 R_F 转换成电压噪声：

$$V_{n,I_{-IN}}\Big|_{RTO} = \left(i_n \times R_F \times \sqrt{(1.57 \times BW_{Signal})}\right) \times 1$$

$$= 0.05pA/\sqrt{Hz} \times 1M\Omega \times \sqrt{1.57 \times 33.86kHz} \quad （公式 2.43）$$

$$= 11.53\mu V$$

计算系统输出总噪声：

$$V_{Total\,Noise}\Big|_{RTO} = \sqrt{\left(V_{n,R_F}\Big|_{RTO}\right)^2 + \left(V_{n,Op}\Big|_{RTO}\right)^2 + \left(V_{n,I_{-IN}}\Big|_{RTO}\right)^2}$$

$$= \sqrt{(29.67\mu V)^2 + (253.74\mu V)^2 + (11.53\mu V)^2} \quad （公式 2.44）$$

$$= 255.73\mu V$$

计算结果也可以看出，采用 RSS 方法合并多个噪声源时，小值分量对最终结果的影响并不大。后续的"5.2.2 跨阻放大器仿真"节，对图 2-39（a）所示电路也进行了仿真，可以对比手工计算的结果。

> **小提示** 跨阻放大器电路的噪声分析中，因为噪声源很多，手工计算不但麻烦还容易出错。电路设计和分析中，通常都是采用设计工具或仿真软件来辅助。

第3章

常用运算放大器

运算放大器（Operational amplifier，OpAmp）简称运放，是模拟电路中最常用的器件之一。跨阻放大器电路中选择低偏置电流、低噪声的运放已经是常识，但不同应用场景对运放的要求也有不同。随着半导体集成电路技术的发展，近些年也出现了越来越多的专用跨阻放大器。

3.1 通用型运放

跨阻放大器本质上仍然属于运算放大器，只是许多供应商在产品分类时，把适用于跨阻放大电路应用的运放型号，归类为跨阻放大器。

3.1.1 低偏置电流型

低偏置电流是跨阻放大器选型的基本要求，而运放的偏置电流与制造工艺和输入级架构密切相关。早期 JFET 输入级运放往往是跨阻放大器的首选，但近些年 CMOS 工艺的运放也有了长足进步，不必被只选择 JFET 运放的传统约束。

1. 制造工艺

根据精密运算放大器制造工艺（Process）的不同，运放主要分为三种：BJT（Bipolar junction transistor，双极结型晶体管）型运放、CMOS（Complementary metal oxide semiconductor，互补金属氧化物半导体）型运放和 JFET（Junction field-effect transistor，结型场效应晶体管）型运放。

BJT 型运放的失调电压低（小于 100 μV 或更小），电压噪声小（噪声谱密度大都小于 $10\,\mathrm{nV}/\sqrt{\mathrm{Hz}}$ ），还有带宽大、工作电压高等特点。但输入级三极管的基极需要工作电流，因此偏置电流会略大（在 nA 级别）。

CMOS 型运放的偏置电流比 BJT 型小（在 pA 级别），但失调电压和电压噪声会略大。工作电压一般不超过 16 V，由于很多器件具有轨到轨特性，很适合单电源低电压的应用。

JFET 型输入级运放具有非常低的偏置电流，室温条件下仅皮安（pA）甚至飞安（fA）级别。传统 JFET 运放的偏置电流随温度上升而增大，经验估算公式：温度每增加 10℃偏置电流翻倍。但现代的 JFET 运放加入了补偿措施，多数情况下并不遵循"2 倍每 10 摄氏度"的经验规律。

以 ADI 低输入偏置电流（小于 100pA）的运放为例，常用的单通道型号和典型参数如表3-1 所示。运放数据手册中还会提供非常多的图表，设计时需要仔细阅读。

表3-1　常用低偏置电流运算放大器——ADI

器件	工艺	偏置电流	失调电压	增益带宽积	电压噪声谱密度	电流噪声谱密度	共模电容	差模电容	供电范围
—	—	I_B（Max）/pA	V_{os}（Max）/μV	GBP（typ）/Hz	Voltage Noise Density（typ）/（nV/$\sqrt{Hz}$）	Current Noise Density（typ）/（fA/$\sqrt{Hz}$）	C_{cm}（typ）/pF	C_{diff}（typ）/pF	V_s（Min~Max）/V
ADA4530-1	CMOS	0.02	40	2M	14	0.07	4	4	4.5~16
LTC6268-10	CMOS	0.02	700	4G	4	7	0.45	0.1	3.1~5.25
AD8605	CMOS	1	300	10M	6.5	10	8.8	2.6	2.7~5.5
AD8615	CMOS	1	100	24M	7	50	6.7	2.5	2.7~5.5
LTC6240	CMOS	1	175	18M	7	0.56	3	3.5	2.8~6
AD8610	JFET	10	100	25M	6	5	15	8	10~26
ADA4610-1	JFET	25	400	16.3M	7.3	1	4.8	3.1	10~36
ADA4622-1	JFET	10	350	8M	12.5	0.8	3.6	0.4	5~30
ADA4625-1	JFET	75	80	18M	3.3	4.5	11.3	8.6	5~36
ADA4817-1	JFET	20	2000	410M	4	2.5	1.3	0.1	5~10

以下选择低偏置电流 ADA4610-1 和高带宽 ADA4817-1 做简要介绍，本章后续节中将会对飞安级偏置电流 ADA4530-1 及非完全补偿型 LTC6268-10 等器件进行介绍。

2. ADA4610-1

ADA4610-1 是 ADI 的 JFET 输入级精密运算放大器，具有低偏置电流、低失调电压、低噪声和轨到轨输出特点，非常适合精密电流测量及高阻抗传感器放大的应用场合。以 B 级器件为例，±15V 供电条件下参数如图3-1 所示。

参数	符号	测试条件/注释	最小值	典型值	最大值	单位
输入特性		V_{SY}= ±15V，V_{CM}=0V，T_A=25℃，				
失调电压	V_{OS}					
B级(ADA4610-1/ADA4610-2)				0.2	0.4	mV
失调电压漂移	$\Delta V_{OS}/\Delta T$					
B级(ADA4610-1/ADA4610-2)				1	8	μV/℃
输入偏置电流	I_B	−40℃＜T_A＜+125℃			1.50	nA
输入失调电流	I_{OS}		2		20	pA
		−40℃＜T_A＜+125℃			0.25	nA

图3-1　ADA4610-1 参数表（部分）

ADA4610-1 偏置电流随温度变化的曲线，可以到数据手册的附图中查找。另外，即使输入电压超过最大共模电压范围，ADA4610-1 也不会发生输出相位反转（Phase reversal）。

3. ADA4817-1

ADA4817-1 是 ADI 的 FET 输入级超高速电压反馈型运算放大器，工作电压范围为 5~10V。在 ±5V 供电条件下的参数如图3-2 所示，小信号带宽高达 1 050 MHz，共模输入电容为 1.3pF，差模输入电容为 0.1pF，非常适合应用于高带宽跨阻放大器。

参数	条件	最小值	典型值	最大值	单位
动态性能					
−3dB带宽	V_{OUT}=0.1V$_{P-P}$		1050		MHz
	V_{OUT}=2V$_{P-P}$		200		MHz
	V_{OUT}=0.1V$_{P-P}$, G=2		390		MHz
增益带宽积	V_{OUT}=0.1V$_{P-P}$		≥410		MHz
压摆率	V_{OUT}=4V$_{阶跃}$		870		V/μs
直流性能					
输入失调电压			0.7	2	mV
输入失调电压漂移			7		μV/℃
输入偏置电流			2	20	pA
输入特性					
输入电阻	共模		500		GΩ
输入电容	共模		1.3		pF
	差模		0.1		pF

图3-2　ADA4817-1参数表（部分）

3.1.2　飞安级偏置电流

在微弱信号检测中，希望运放的偏置电流尽可能的低，ADI 提供了飞安级（fA）偏置电流运放 ADA4530-1。

1. 简介

飞安用字母 fA（femto-ampere）表示，$1\,fA = 10^{-15}\,A$。如果只看 10^{-15} 的数量级，很多人可能并没有直观感觉，如果按照 1V/1fA 折算成电阻，就是 $10^{15}\,\Omega = 10^6\,G\Omega$，相信采用电阻来描述，多数工程师就能感受到 fA 数量级的概念了。

ADI 低输入偏置电流运放家族中，有一款里程碑产品 AD549，采用独家开发的 Topgate JFET 工艺技术，实现了偏置电流只有 60fA（最大值）的优异性能（以 AD549L 为例），可用于各种低电流输出传感器的前置放大器。自 1987 年发布以来至今依然广泛使用，在日新月异的半导体元器件领域堪称传奇。

AD549 满足了极低偏置电流的需求，但美中不足之处在于输入级 ESD 防护等级只有 ±1 000V（HBM 人体模型），抗静电能力相对较弱，在使用和生产中带来一定的麻烦。另外随着电子产品的体积越来越小，TO-99 直插式封装在现代化贴片工艺中也暴露出局限性。

JFET 输入级工作电流极小，为了保护器件，输入引脚处会增加两个 ESD 保护二极管。不幸的是保护二极管的反向漏电流要比工作电流大的多，往往成为偏置电流的主要成分。ADI 的一款 JFET 输入级运放 ADA4622，增加了保护二极管，ESD 指标达到了 ±4 000V，但偏置电流增大到 10pA（最大值），在飞安级电流检测应用中就显得不足。

2. ADA4530-1

ADA4530-1 是 ADI 的新一代飞安级输入偏置电流运算放大器，具有低失调电压、低失调漂移、低电压电流噪声和轨到轨输出特性，可以在+4.5～+16V 单电源或±2.25～±8V 双电源下工作。虽然采用的是 CMOS 工艺，但相比 JFET 工艺的 AD549，各项性能仍然大幅提升。ADA4530-1 偏置电流随温度变化曲线如图 3-3 所示，在−40～+85℃温度范围内，偏置电流低至 20fA（最优）。

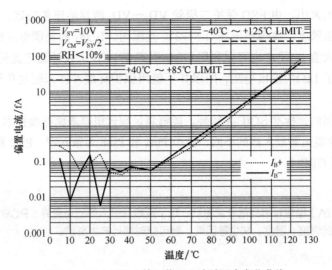

图3-3　ADA4530-1 输入偏置电流随温度变化曲线

ADA4530-1 输入级通过创新的结构设计，解决了 ESD 保护二极管漏电流对输入偏置电流的影响，提供±4 000V ESD 保护性能的同时，依然保证了超低输入偏置电流。ADA4530-1 输入级 ESD 保护电路由二极管 $VD_1 \sim VD_6$ 及精密缓冲器 BUF_1 组成，如图 3-4 所示。

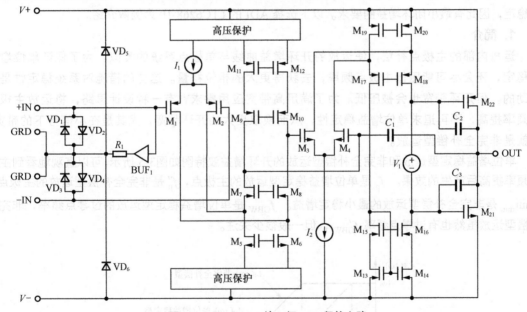

图3-4　ADA4530-1 输入级 ESD 保护电路

BUF_1 是一个单位增益缓冲器，也称保护环缓冲器，它创建+IN 同相输入端电压的 "副本" 并将其送至 GRD 引脚。保护二极管 VD_5 和 VD_6 跨接在 GRD 和正负电源轨之间，提供 GRD 引脚的 ESD 泄放路径。+IN 端与 GRD 之间有一对反并联二极管 VD_1 和 VD_2，−IN 端与 GRD 引脚之间有一对反并联二极管 VD_3 和 VD_4，分别提供+IN 和−IN 对 GRD 引脚的 ESD 泄放路径。

主放大器正常工作时，BUF_1 输出的是输入共模电压。此时 4 个二极管 $VD_1 \sim VD_4$ 的压差为 0，不会产生漏电流。当输入引脚发生 ESD 事件时，泄放电流通过二极管 $VD_1 \sim VD_4$ 和 VD_5、VD_6 实现泄放，从而保护器件。以+IN 引脚的正压泄放路径为例：+IN → VD$_2$ → GRD → VD$_5$ → V+。

输入偏置电流的大小，由 ESD 保护二极管 VD$_1$～VD$_4$ 两端的压差决定，即 GRD 保护电压对输入共模电压的跟随精度。共模电压在 1.5～3V 范围内，BUF$_1$ 的失调电压经过调整在全温度区间保证 150μV（最大值）。用户也可以利用 GRD 引脚在 PCB 上设计漏电流保护环（Guard ring），由于电路内部增加了 1kΩ 的输出电阻，所以并不能用保护环缓冲器来驱动负载，否则输出电压会因负载过大而降低。

ADA4530-1 采用的是标准 SOIC-8 封装，能够满足现代电路表面贴装技术（SMT）的需求，但引脚定义与标准单通道运算放大器的不同，其中 Pin1 和 Pin8 为输入端，Pin2 和 Pin7 为内部保护环缓冲器的输出引脚（GRD）。

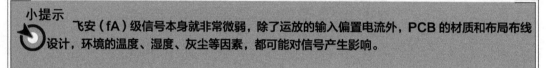

小提示　飞安（fA）级信号本身就非常微弱，除了运放的输入偏置电流外，PCB 的材质和布局布线设计，环境的温度、湿度、灰尘等因素，都可能对信号产生影响。

3.1.3　非完全补偿型

非完全补偿型运放（Decompensated OpAmp）也称欠补偿型运放（Uncompensated OpAmp），与常用的单位增益稳定（Unity-gain stable）型运放的不同之处在于这类运放只有在较高增益时才能保持稳定，因此有最小闭环增益的要求。以下选择 ADI 的 LTC6268-10 为例做介绍。

1. 简介

运放内部的主极点补偿，使运放的开环增益曲线与单极点系统的类似。为了保证单位增益的稳定，还会尽可能压低主极点频率，去获得更大的相位裕量。这样的措施对系统稳定性是有帮助的，但开环带宽也会被压低。为了满足高带宽应用需求，有一种设计思路，将运放主极点的频率提高，不再追求单位增益稳定性，从而换取更大的开环带宽，尤其是在小信号下的带宽，这就是非完全补偿型运放。

单位增益稳定型运放和非完全补偿型运放的开环增益波特图如图3-5所示，可以直观地看到主极点频率提高后产生的效果。f_p 是单位增益稳定型运放的主极点，f'_p 是非完全补偿型运放的主极点，Gain$_\text{min}$ 是非完全补偿型运放的最小稳定增益。f_GBW 是单位增益稳定型运放的过零点频率，非完全补偿型运放虽然也有过零点频率 f'_GBW，但一般很少关注。

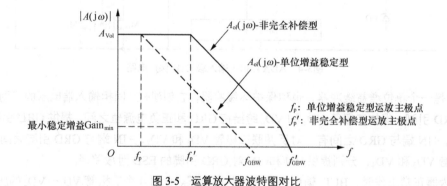

图 3-5　运算放大器波特图对比

非完全补偿型运放在使用时要特别关注闭环最小稳定增益 $\mathrm{Gain_{min}}$ 的要求，只有高于这个值运放电路才能保持稳定。需要注意的是，每颗非完全补偿型运放的最小稳定增益要求是不同的，需要到数据手册中查找具体数值。

非完全补偿型运放除了拥有更高的开环带宽外，一般来说还具有更快的压摆率和更低的电压噪声。在大跨阻增益、高速高带宽的跨阻放大器设计中，选择非完全补偿型运放是最适合的一种解决方案。

2. LTC6268-10

LTC6268-10 是 ADI 的 FET 输入级非完全补偿型运放，高达 4GHz 的增益带宽积，最小增益要求为 10V/V，具有 fA 级偏置电流，电压噪声谱密度为 $4\,\mathrm{nV}/\sqrt{\mathrm{Hz}}$（1MHz），电流噪声谱密度为 $7\,\mathrm{fA}/\sqrt{\mathrm{Hz}}$（100kHz），共模输入电容为 0.45pF，差模输入电容为 0.1pF，是一款针对高速光电二极管跨阻放大电路优化的新型运放。

在±2.5V 供电条件下，偏置电流随温度变化的曲线如图3-6（a）所示，25℃时 LTC6268-10 偏置电流仅为 3fA（典型值），即使 85℃温度仍然能够保证 900fA。失调电压在 25℃时为 0.2mV（典型值），失调电压随温度变化的曲线如图3-6（b）所示。

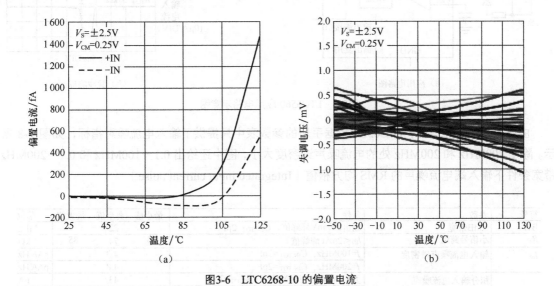

图3-6　LTC6268-10 的偏置电流

LTC6268-10 同家族中有一颗单位增益稳定型运放 LTC6268，增益带宽积只有 500MHz，显然非完全补偿型 LTC6268-10 拥有更大的增益带宽积。但跨阻放大器电路设计中，运放的增益带宽积并不是越大越好，可以回顾"2.5.1 噪声特性"节中关于增益带宽积与噪声带宽的描述。

3.2　专用放大器

随着技术的发展，在通用运放的基础上集成了更多功能，方便跨阻放大器电路的设计和使用，不妨将这种运放称为专用跨阻放大器。

3.2.1　集成跨阻

有些跨阻放大器中集成了电流—电压转换所需要的增益电阻，优点在于减少寄生电容，获得更大的系统带宽。本节以 ADI 的 LTC6560 和 MAX40660 为例做简单介绍。

1. LTC6560

LTC6560 是一款集成了 74kΩ（典型值）增益电阻的跨阻放大器，采用单 5V 电源工作，具有低噪声和低功耗特性。LTC6560 输入端总电容在 2pF 的情况下，小信号（2mV 峰峰值）带宽可达 220MHz。输入电流在 0～30μA 范围内输出保持线性，非常适合高速跨阻放大器的设计。

LTC6560 输入端只支持电流从芯片内部流出，也称为负电流（Negative current）输入，因此光电二极管需要工作在负压偏置模式。LTC6560 输出端是低阻抗单端电压输出，在驱动 50Ω 特征阻抗线路时需要串联 47.5Ω 的电阻。LTC6560 典型应用电路如图3-7（a）所示，宽度为 5ns 且峰值电流为 20μA 的光脉冲的响应输出如图3-7（b）所示。

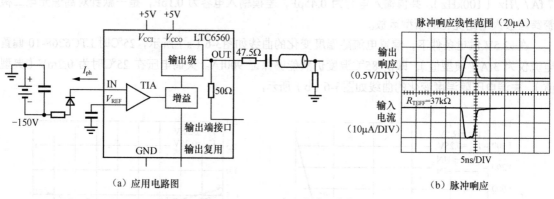

（a）应用电路图   （b）脉冲响应

图3-7   LTC6560 应用电路示意图

由于输入是电流信号，LTC6560 数据手册的参数表中只提供了输入电流噪声指标，如图 3-8 所示。除了 100MHz 和 200MHz 处的电流噪声谱密度大小，图中还给出 0.1～100MHz 和 0.1～200MHz 带宽条件下输入端电流噪声的 RMS 均方根值（Integrated input current noise）。

符号	参数	条件	最小值	典型值	最大值	单位
BW	-3dB带宽	输出200 mV峰峰值，$C_{IN,TOT}$=2pF		220		MHz
R_T	小信号跨阻	I_{IN}<2μA（峰峰值）	63	74	85	kΩ
I_N	输入电流噪声谱密度	f=100MHz，$C_{IN,TOT}$=2pF		4.3		pA/√Hz
		f=200MHz，$C_{IN,TOT}$=2pF		4.8		pA/√Hz
	积分输入电流噪声	f=0.1MHz 至 100MHz，$C_{IN,TOT}$=2pF		43		nA
		f=0.1MHz 至 200MHz，$C_{IN,TOT}$=2pF		64		nA

图3-8   LTC6560 参数表（部分）

2. MAX40660

MAX40660 是 Maxim Integrated Products，Inc（在 2021 年 8 月被 ADI 收购）推出的一款适用于光探测及激光雷达测距（LiDAR）应用的跨阻放大器芯片，相比应用传统方案的芯片，MAX40660 能够提供更大的信号带宽，更低的噪声，以及更小的体积。MAX40660 的应用示意图如图 3-9 所示，IN 引脚接光电二极管，针对输入端总电容 0.25～5pF 进行优化；内部提供 25kΩ 和 50kΩ 两种跨阻增益，可通过 GAIN 引脚进行选择；信号带宽可以达到 490MHz（典型值）；输出为差分信号，共模电平可通过 OFFSET 引脚进行设置。

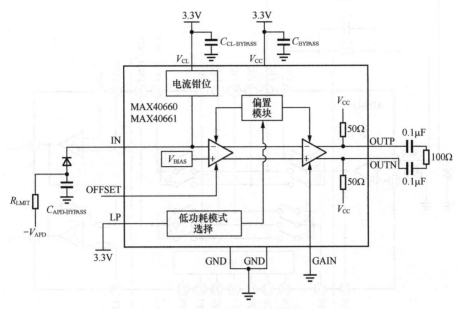

图 3-9　MAX40660 应用示意图

3.2.2　集成模拟开关

　　如果被测光电流信号的动态范围非常大，为了保证小信号情况下的精度，跨阻放大器通常需要设置不同的量程，采用不同的增益电阻。量程的切换需要模拟开关，而且档位越多需要的模拟开关就越多。器件的增加，导致电路布局布线复杂，出现故障的可能性加大。ADI 的 ADA4350 就集成了放大器和多路模拟开关，可以简化电路设计，缩减 PCB 面积。

　　ADA4350 将 FET 输入级放大器、增益切换网络和 ADC（模-数转换器）驱动器集成在一起，采用 +3.3V 单电源或 ±5V 双电源供电，能够与各种电流输出传感器（如光电二极管）接口，非常适合宽动态范围的信号测量，内部结构如图 3-10 所示。图中有两个增益电阻，分别为 R_{F0} 和 R_{F1}，利用模拟开关对量程进行切换。

　　ADA4350 第一级是 FET 输入级运放，在 ±5V 供电条件下，增益带宽积高达 175MHz，偏置电流为 ±0.25pA（典型值），电压噪声谱密度为 $5\,nV/\sqrt{Hz}$（100kHz）。

　　ADA4350 第二级是模拟开关切换网络（Switching network），最多支持 6 个增益路径，通过 SPI 总线或引脚控制切换。为了避免模拟开关非理想特性带来的误差，每个增益选择通路中都采用了两个开关的开尔文开关技术。（注：开尔文开关技术将在"4.2.3 切换跨阻"节讲述。）

　　ADA4350 第三级是 ADC 驱动器（Driver），包括 A_1 和 A_2 两颗运放。根据 ADC 输入端是单端模式还是差分模式，利用 A_1 和 A_2 设计驱动电路。

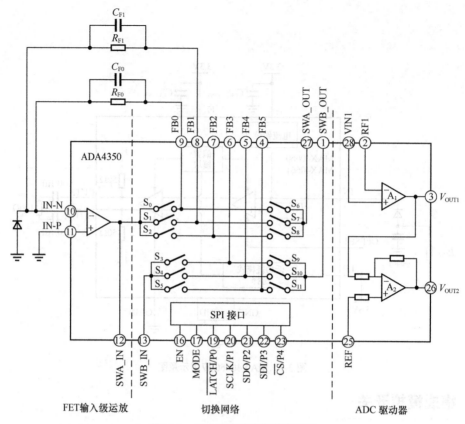

图3-10　ADA4350 内部框图与应用

3.2.3　跨导对数放大器

对数放大器（Logarithmic amplifier，Log Amp）顾名思义就是输出与输入之间呈对数关系的一种器件，这也是常见的一种非线性压缩方式。有些文献称之为对数转换器（Logarithmic converter）以体现其非线性特征。

许多输入与输出呈对数关系的器件，比如射频 RF 应用中的对数包络与峰值检波器（Envelope detectors & Peak detectors）、对数 RMS 响应功率检波器（RMS responding power detector）等，也都称为对数放大器，虽然看起来它们的名称相同，但是功能完全不同，这给对数放大器的使用和选型带来一定的困惑和误解。

针对电流信号检测的对数放大器，ADI 公司采用跨导线性（Translinear）技术实现对数变换，这种对数放大器称为跨导线性对数放大器，简称跨导对数放大器。

1. 跨导线性

双极结型晶体管（BJT）的基极-发射极电压 V_{BE} 与集电极电流 I_C 之间存在着一种对数特性关系：

$$V_{BE} = V_T \cdot \ln\left(\frac{I_C}{I_S}\right) = \frac{kT}{q} \cdot \ln\left(\frac{I_C}{I_S}\right) = \frac{kT}{q} \times 2.3 \times \log_{10}\left(\frac{I_C}{I_S}\right) \qquad （公式 3.1）$$

公式 3.1 中 V_T 称为热电压（Thermal voltage），这个值与生产工艺无关，只与玻尔兹曼常数 k、热力学绝对温度 T 和元电荷 q 相关；I_S 称为饱和电流（Saturation current），是与工艺和器件相关的参数，而且随着温度改变而变化。根据习惯，对数一般以 10 为底，借助对数换底公式对公式 3.1 进行转换，因此多出一个 2.3 的系数。

基于晶体管的对数放大器如图 3-11（a）所示，输入 I_{IN} 为电流信号，输出为电压信号，为了强调输入与输出为对数关系，输出电压常用 V_{LOG} 表示。根据实现跨导线性的晶体管是 NPN 型还是 PNP 型，则输入端 I_{IN} 电流的方向为流入或流出。

由于饱和电流 I_S 受温度影响，现代跨导对数放大器中，会引入另外一个参考晶体管来抵消温漂带来的影响。经过补偿设计之后，输出电压 V_{LOG} 与输入电流 I_{IN} 之间的对数传递函数：

$$V_{LOG} = V_Y \cdot \log_{10}\left(\frac{I_{IN}}{I_Z}\right) \qquad （公式 3.2）$$

公式 3.2 中：V_Y 是一个比例常数，称为对数斜率（Logarithmic slope）、电压斜率（Voltage slope）或对数放大器增益，单位为 V/Dec（伏特每 10 倍频）、mV/10 倍程或 mV/dB；I_Z 是一个电流值，是 $V_{LOG} = 0$ 时对应输入电流 I_{IN} 的大小，称为对数截距（Logarithmic intercept）。采用单电源供电时，放大器的输出并不能真正到零，此时对数截距 I_Z 是理论上 $V_{LOG} = 0$ 时对应的电流值，或者说根据传输特性曲线延长后与横轴的交点。

输入电流 I_{IN} 与输出电压 V_{LOG} 之间的对数传递特性曲线如图 3-11（b）所示，横轴 I_{IN} 采用对数刻度，起始刻度从 I_Z 开始；纵轴 V_{LOG} 采用线性刻度，刻度从 0 开始。在半对数坐标系中 V_{LOG} 与 $\log_{10}(I_{IN})$ 之间呈线性关系，也称为对数线性（Log-linearity 或 Linear-in-dB transfer）。

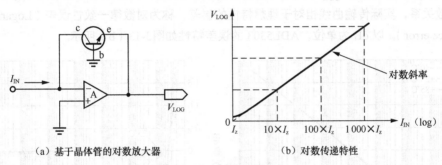

（a）基于晶体管的对数放大器　　　　　　（b）对数传递特性

图3-11　对数放大器

> **小提示**
> 　　一些跨导线性对数放大器还支持双电流输入，对两个电流变量做对数比例运算，两个电流输入分别称为分子电流 I_{NUM} 和分母电流 I_{DEN}。

2. ADL5303

光纤接收器前端的电流可能会从 pA 级到 mA 级，如果采用线性放大器来处理这样的大动态范围，小信号的精度将难以保证，而采用对数放大器将信号压缩到一个便于处理的区间，既能满足小信号精度，也能满足大动态范围的需求。

ADL5303 是 ADI 的一款单芯片跨导线性对数放大器，提供 100pA～10mA 且高达 160 dB 的输入范围，并且具有很高的测量精度。ADL5303 内部框图如图 3-12 所示，其中 3 脚 INPT 为电流输入，光电二极管电流 I_{PD} 由此流入，8 脚 VLOG 为对数电压输出，2 脚和 4 脚为 VSUM 防护引脚，用于在 PCB 上设计保护环，防止漏电流进入 INPT 引脚相连的电路。

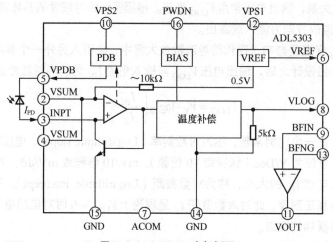

图 3-12　ADL5303 内部框图

ADL5303 出厂前经过精密校准，对数斜率 $V_Y = 200\,\mathrm{mV/Dec}$，对数截距 $I_Z = 100\,\mathrm{pA}$，默认配置下输入电流 I_{PD} 与输出电压 V_{LOG} 之间的对数传递特性曲线如图 3-13（a）所示。由于 I_{PD} 与 V_{LOG} 之间是线性对数关系，实际传输曲线相对于理想特性的误差，称为对数律一致性误差（Logarithmic law conformance error），以 dB 为单位，ADL5303 的误差特性如图 3-13（b）所示。

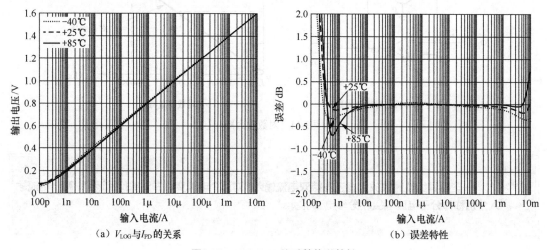

（a）V_{LOG} 与 I_{PD} 的关系　　　（b）误差特性

图 3-13　ADL5304 的对数传递特性

3.3　其他运放

◀◀◀

跨阻放大器电路设计中，除了电流—电压转换之外，还可能涉及电流反馈型运放、全差分型运放等。这些类型的运放由于自身拓扑的结构和特点，也能给电路设计带来便利。

3.3.1　电流反馈型运放

运算放大器的架构有电压反馈型（Voltage feedback，VFB）和电流反馈型（Current feedback，CFB）两种，都能够实现放大功能。但目前电压反馈型运放的数量要远多于电流反馈型运放，这可能与教科书中都是以电压反馈型运放为实例有关，造成工程师不够了解电流反馈型运放，本能地产生抵触，习惯性选择熟悉的电压反馈型运放。

1. 简介

电流反馈型运放具有高带宽、高压摆率和低失真特性，还有闭环带宽随增益变化不大的特点。在高增益高带宽的应用场景，电流反馈型运放甚至比电压反馈型运放更适合。只要了解电流反馈型运放的基本架构和使用要点，使用起来一样简单方便。

电流反馈型运放的拓扑结构如图3-14所示，输入级将同相端与反相端之间的电压差，转换成误差电流 I_i，内部镜像一个电流源 I_i 去驱动高阻抗 $T(s)$ 节点，将电流 I_i 转换成电压 $I_i \times T(s)$，最后经过缓冲后输出。电流反馈型运放的同相输入端是一个单位增益的缓冲器，具有高输入阻抗，而反相输入端为低阻抗（一般在 $10\sim100\Omega$）。

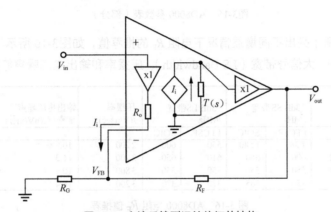

图3-14 电流反馈型运放的拓扑结构

图 3-14 所示的电路是电流反馈型运放的同相放大配置，闭环增益计算公式为 $1 + R_F / R_G$，这与熟悉的电压反馈型运放完全相同。不同之处在于，电阻 R_F 的取值会有推荐值，闭环增益的调整只能通过改变电阻 R_G 来实现，而不是自由选择电阻的大小。电阻 R_F 影响电流反馈型运放的带宽和稳定性，如果 R_F 取值超过推荐值，闭环带宽将会减少；而低于推荐值，会造成相位裕量减小，影响闭环稳定性。

电压反馈型运放的开环增益是输出电压与误差电压的比值，单位是 V/V 或一个无量纲的数。而电流反馈型运放的开环增益是输出电压与误差电流的比值，单位是 V/A，与电阻量纲相同，这就是电流反馈型运放的开环增益常以Ω为单位的原因，也称为"开环跨阻"或"跨导"，数值通常在几百千欧姆到几兆欧姆。

由于电流反馈型运放开环传递函数的量纲与电阻量纲相同，有些文献中也将其称为跨阻运算放大器或互阻运算放大器（Transresistance amplifier）。但跨阻放大器名称通常用于电流—电压转换电路，为了避免造成混乱和误解，涉及运放的拓扑结构时，还是称其为电流反馈型运放。

2. AD8000

AD8000 是 ADI 的一款超高速、高性能、电流反馈型运算放大器，±5V 工作条件下参数如图 3-15 所示。以 SOIC 封装为例，小信号（$0.2V_{p-p}$）带宽可达 1 580MHz，大信号（$2V_{p-p}$）带宽也能达到 650MHz，压摆率高达 4 100V/μs，开环增益为 890kΩ（典型值）。

参数	条件	最小值	典型值	最大值	单位
动态性能					
－3dB带宽	G=+1，V_o=0.2$V_{\text{P-P}}$，SOIC/LFCSP		1 580/1 350		MHz
	G=+2，V_o=2$V_{\text{P-P}}$，SOIC/LFCSP		650/610		MHz
0.1dB平坦度带宽	V_o=2$V_{\text{P-P}}$，SOIC/LFCSP		190/170		MHz
压摆率	G=+2，V_o=4V阶跃		4 100		V/µs
0.1%建立时间	G=+2，V_o=2V阶跃		12		ns
直流性能					
输入失调电压			1	10	mV
输入失调电压漂移			11		µV/℃
输入偏置电流（使能）	$+I_B$		－5	+4	µA
	$+I_B$		－3	+45	µA
跨导		570	890	1600	kΩ
输入特性					
同相输入阻抗			2/3.6		MΩ/pF
输入共模电压范围			－3.5～+3.5		V

图3-15　AD8000 参数表（部分）

AD8000 数据手册中列出不同增益情况下电阻 R_F 的推荐值，如图3-16 所示。同时也给出小信号带宽（SS Bandwidth）、大信号带宽（LS Bandwidth）、压摆率和输出电压噪声等指标。

增益	器件值/Ω		－3dB SS带宽 /MHz		－3dB LS带宽 /MHz		压摆率 /(V/µsec)	输出电压噪声 谱密度/(nV/√Hz)	包括电阻的 总输出电压噪声 谱密度/(nV/√Hz)
	R_F	R_G	LFCSP	SOIC	LFCSP	SOIC			
1	432	—	1 380	1 580	550	600	2 200	10.9	11.2
2	432	432	600	650	610	650	3 700	11.3	11.9
4	357	120	550	550	350	350	3 800	10	12
10	357	740	350	365	370	370	3 200	18.4	19.9

图 3-16　AD8000 电阻 R_F 值推荐

小提示

　　为确保电流反馈型运放电路的稳定性，必须关注电阻 R_F 的最优推荐值，而且实际阻值还不应偏离最优值的±10%以上。

3.3.2　全差分型运放

　　全差分型运算放大器（Full differential amplifier，FDA）简称差分运放，与普通运放的不同之处是 FDA 输入、输出都是差分信号。全差分运放可以实现信号放大、共模电平调整、ADC 驱动等功能，具有抑制共模噪声、偶数阶失真少等特点。

1. 差分信号

　　大家对单端（Single-ended, SE）信号比较熟悉，信号通过一根线进行传输，实际上默认以系统的"地（GND）"为基准参考。而差分信号有两根线，幅值相等而相位相反，也称为差分对（Differential pair），差分信号两者之间的差值才是真正要传输的信息。

　　差分信号 Diff + 和 Diff − 的示意图如图 3-17 所示，共模电平 V_{CM} 是 Diff + 和 Diff − 的平均值，通常 V_{CM} 都是正电压，让每个信号的摆动范围都变成高于 GND 的单极性电平。假定差分对中每根线的变化范围是

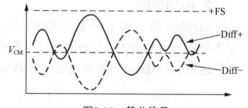

图3-17　差分信号

0～+FS，那差分信号能表示的变化范围就是 –FS～+FS，这也是差分信号的优势，能将信号的动态范围提高为原来的 2 倍，而且在单电源供电的情况下，也能表达正负双极性信号。

由于差分信号不需要参考地 GND，因此系统地电位的波动并不会影响信号传输。外界干扰一般会相同程度地影响两根信号线，差值后的结果为 0。差分信号虽然比单端信号多了一根线，但抗干扰能力大大增强。模拟信号传输中，特别是对于小信号，通常都会选用差分信号。

2. 差分运放

差分运放的应用电路如图3-18 所示，输出端有 +OUT 和 –OUT 两个，R_{F1} 与 R_{G1} 和 R_{F2} 与 R_{G2} 组成两个反馈通路，阻值通常一致，即：$R_{F1} = R_{F2} = R_F$，$R_{G1} = R_{G2} = R_G$。差分运放相比传统运放还多了一个 V_{OCM} 输入引脚，用于设定输出信号的共模电平（Output common mode voltage），这个电平与输入信号的共模电压无关。

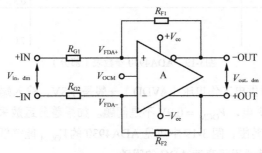

图3-18　差分运放应用电路图

差分运放传递函数的分析比传统运放要复杂一些，但"虚短"和"虚断"仍然是适用的，建立等式：

$$V_{FDA+} = V_{+IN} \times \frac{R_{F1}}{R_{G1} + R_{F1}} + V_{-OUT} \times \frac{R_{G1}}{R_{G1} + R_{F1}}$$

$$V_{FDA-} = V_{-IN} \times \frac{R_{F2}}{R_{G2} + R_{F2}} + V_{+OUT} \times \frac{R_{G2}}{R_{G2} + R_{F2}}$$

（公式 3.3）

定义输入信号的差分电压 $V_{in,dm} = V_{+IN} - V_{-IN}$，输出信号的差分电压 $V_{out,dm} = V_{+OUT} - V_{-OUT}$。根据 $V_{FDA+} = V_{FDA-}$ 建立等式并进行化简，得到：

$$\frac{V_{out,dm}}{V_{in,dm}} = \frac{V_{+OUT} - V_{-OUT}}{V_{+IN} - V_{-IN}} = \frac{R_F}{R_G}$$

（公式 3.4）

公式 3.4 可见，两个反馈通路完全匹配的情况下，差分运放的闭环增益由电阻 R_F 和 R_G 的比值决定，与输入、输出信号的共模电压大小无关。

> **小提示**
> 差分运放在使用中比较灵活，输入、输出都可以是差分信号，也可以实现单端输入转换为差分输出。信号通路可以采用直流耦合，也可以采用交流耦合。

3. ADA4930

高速高性能 ADC 是利用差分输入来抑制共模噪声和干扰的，并且将输入动态范围扩大两倍，因此高速 ADC 的前端都需要差分运放来驱动。ADI 的全差分放大器系列产品，针对应用进行了优化，具有出色的性能。ADA4930 是其中一款低噪声、低失真、高速差分放大器，具有低直流失调和出色的动态性能，特别适合驱动高性能 ADC，+5V 工作条件下参数如图 3-19 所示。

参数	测试条件/注释	最小值	典型值	最大值	单位
动态性能					
−3dB小信号带宽	$V_{O,dm}$=0.1V_{p-p}		1 350		MHz
−3dB大信号带宽	$V_{O,dm}$=2V_{p-p}		937		MHz
压摆率	$V_{O,dm}$=2V阶跃，25%~75%		3 400		V/μs
0.1%建立时间	$V_{O,dm}$=2V阶跃，R_L=200Ω		6		ns
噪声/谐波性能					
输入电压噪声	f=100kHz		1.2		nV/$\sqrt{\text{Hz}}$
输入电流噪声	f=100kHz		2.8		pA/$\sqrt{\text{Hz}}$
直流性能					
输入失调电压	V_{IP}=V_{IN}=V_{OCM}=0V，R_L 开路	−3.1	−0.15	+3.1	mV
开环增益	R_F=R_G=10kΩ，ΔV_O=1V，R_L 开路		64		dB
输入特性					
输入共模电压范围		0.3		2.8	V
V_{OCM}输入特性					
输入电压范围		0.5		2.3	V
输入电阻		7.0	8.3	10.2	kΩ

图3-19　ADA4930 参数表（部分）

现代高速 ADC 的模拟供电工作电压（AVDD）一般是 1.8V，输入端共模电平要求 0.9V，如果差分运放采用正负双电源供电，V_{OCM} = 0.9V 不是问题。如果差分运放采用单电源供电，就需要注意 V_{OCM} 所允许的输入电压范围，图 3-19 中可见 ADA4930 的 V_{OCM} 能够低至 0.5V，这样在+5V 单电源供电的条件下，也能完美适用于高速 ADC 的驱动。

3.3.3　集成 ADC

随着半导体集成电路技术的发展，有些专用跨阻放大器会与 ADC 集成在一起，本节选择 ADI 的 ADA4355 为例做简单介绍。

ADA4355 是 ADI 的一款高性能电流输入数据采集模块 μModule，采用 12.0mm×6.0mm 的 CSP_BGA 封装，内部集成了跨阻放大器、模拟滤波器、ADC 驱动器和 14 位 ADC，还有 LDO 及电阻、电容等无源器件，而且只需要+3.3V 单电源供电，是小型光学模块和多通道光电检测系统的理想解决方案。ADA4355 的内部框图如图 3-20 所示。

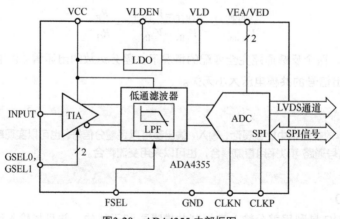

图3-20　ADA4355 内部框图

ADA4355 内部跨阻放大器有 3 种增益选择：2kΩ、20kΩ和 200kΩ，在 2kΩ增益时满量程输入电流为 800μA，并且支持快速过载恢复。模拟低通滤波器（LPF）截止频率有 1MHz 和 100MHz 两种频率选择，分别适用于低噪声和高带宽的应用场景。ADC 采样率高达 125MS/s，转换结果通过串行 LVDS 接口输出，但内部寄存器是通过 SPI 总线进行配置。

第 4 章

电路设计

跨阻放大器电路中的信号增益、系统带宽、噪声大小等指标，存在着相互关联和制约，系统设计要根据应用需求做一定的平衡和取舍，这使得跨阻放大器设计成为一项具有挑战性的任务。

光电信号接收和调理的典型电路如图 4-1 所示，光电二极管输出光电流 I_{ph}，通过跨阻放大器转成 V_{out_TIA} 电压信号，后级增益做进一步放大。本章中分别对光电转换、跨阻放大、后级增益、供电电源及 PCB 设计中的注意事项进行介绍。

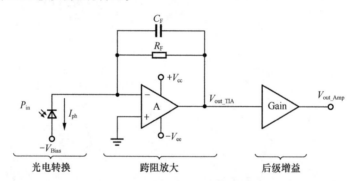

图 4-1　光电信号接收和调理电路

4.1　光电转换

光电二极管将接收到的入射辐射转换成光电流信号输出，但本节中并不涉及光电二极管的参数和选型，只关注光电二极管的外围工作电路。

4.1.1　偏置电压

反偏模式是光电二极管的常见工作模式，按照反偏电压的正负又分为施加正压 $+V_{Bias}$ 的正偏和施加负压 $-V_{Bias}$ 的负偏两种方式。

1. 正偏与负偏

假定跨阻放大器采用正负双电源 $+V_{cc}$ 和 $-V_{ee}$ 供电，同相输入端接地 GND。如果入射辐射功率 P_{in} 是一个脉冲，那光电二极管输出的光电流 I_{ph} 将是一个电流脉冲，经过跨阻放大器之后，在输出端 V_{out} 转换成电压脉冲。

　　光电二极管无论是在正偏模式，还是在负偏模式，光电流 I_{ph} 大小是相同的，如果把入射辐射脉冲称为正脉冲，正偏模式下运放输出 V_{out} 将是负脉冲，如图4-2（a）所示；负偏模式下运放输出 V_{out} 将是正脉冲，如图4-2（b）所示。

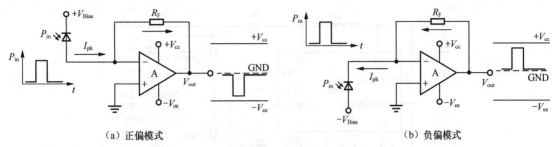

（a）正偏模式　　　　　　　　　　　　　　　（b）负偏模式

图4-2　光电二极管的正偏模式与负偏模式

2. 反偏电压

　　PIN 光电二极管的偏置电压一般在 5V 以下，雪崩光电二极管的偏置电压需要几十伏特甚至更高。系统供电通常只有+5V 或+12V，因此需要一个电路来生成偏置电压。专用的偏置电压控制器针对应用进行了优化和功能扩展，以 ADI 的 LT3905 和 LT8362 为例做简单介绍。

　　LT3905 是 ADI 公司适用于光接收器（Optical receiver）中 APD 正偏电压的升压型 DC/DC 控制器，内部集成了 DMOS 开关和肖特基整流管，只需要很少的外围器件就可以实现升压功能。LT3905 应用电路如图4-3（a）所示，输入 V_{IN} 电压范围为 2.7～12V，升压后在 V_{OUT} 输出，通过 CTRL 引脚调整大小，控制关系如图4-3（b）所示。V_{OUT} 外部滤波后通过 MONIN 返回芯片，在 APD 引脚上向光电二极管施加反偏电压。

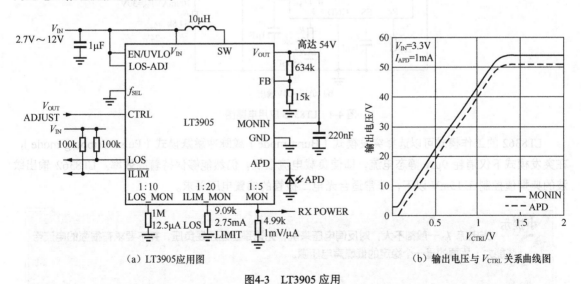

（a）LT3905应用图　　　　　　　　　　（b）输出电压与 V_{CTRL} 关系曲线图

图4-3　LT3905 应用

　　LT3905 在 MON 引脚提供 APD 光电流的 1:5 比例输出，流过外接的电阻转换成电压，就可以监测光电二极管接收到的光功率，在 3μA 到 3mA 范围内优于 2%的准确度。LT3905 还提供快速电流限制功能，通过 ILIM_MON 设置最大限流点，在光电二极管电流过载的情况下提供限流保护。

　　LT8362 是 ADI 的一款 DC/DC 控制器，凭借独特的单反馈引脚架构，能够配置升压、SEPIC 或负（Boost/SEPIC/Inverting）输出转换器，设置电阻使开关频率在 100～500kHz，也可以与外部时钟同步，还支持扩频频率调制（Spread spectrum frequency modulation，SSFM）获得更佳的 EMI 性能。LT8362 输入电压范围为 2.8～60V，以输出正压+48V 和负压–24V 为例，电路如图 4-4 所示。

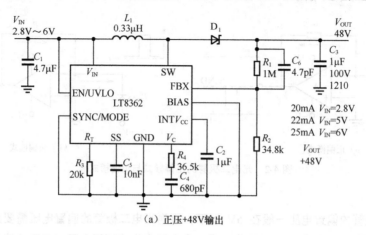

（a）正压+48V 输出

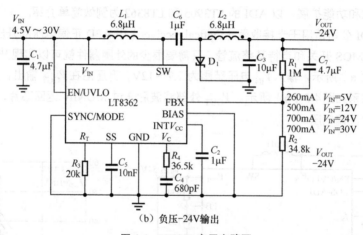

（b）负压–24V 输出

图 4-4　LT8362 应用电路图

　　LT8362 的工作模式可以选择突发模式（Burst mode）或脉冲跳跃模式（Pulse-skipping mode），在突发模式下仅消耗 9μA 静态电流，即使负载电流很低，仍然能够保持着高效率。LT8362 输出纹波的典型值控制在 15mV 以下，非常适合光电二极管的偏置电压需求。

> **小提示**
> 　　光电流 I_{ph} 一般都不大，对反偏电压来说，无论是正压还是负压，并不要求有很强的电流带载能力，需要的是一个稳定的低噪声电压源。

4.1.2　光电流

　　跨阻放大器电路设计，需要基于光电流信号的动态范围，如果已知入射辐射功率的大小，可以通过光电二极管的响应度来计算光电流。

　　假定入射辐射波长为 λ_{EXC}，光电二极管的响应度为 $R(\lambda_{EXC})$，入射辐射功率的最大值为 $P_{in(max)}$，

最小值为 $P_{in(min)}$，如图 4-5（a）所示。定义光电流的最大值为 $I_{ph(max)}$，最小值为 $I_{ph(min)}$，在反偏模式下，光电流中还包含一个很小的暗电流 I_{dark}，光电流 I_{ph} 的计算：

$$I_{ph(max)} = P_{in(max)} \times R(\lambda_{EXC}) + I_{dark}$$

（公式 4.1）

$$I_{ph(min)} = P_{in(min)} \times R(\lambda_{EXC}) + I_{dark}$$

光电流 I_{ph} 的示意图如图4-5（b）所示，实际上暗电流非常小，图中只是为了突出显示 I_{dark} 的存在，做了夸大显示。

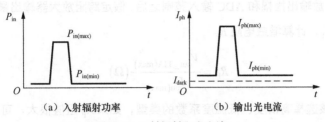

（a）入射辐射功率　　　　　　　（b）输出光电流

图4-5　入射辐射和光电流

有些情况下，特别是产品开发初期，可能无法准确获知入射辐射功率的大小，这就需要根据经验来估算。至少要对光电流的最大值 $I_{ph(max)}$ 做一个初步假定，否则无法进行跨阻放大器电路设计。

> **小提示**
> 有些应用中被测对象可能并不是脉冲信号，最小值 $P_{in(min)}=0$，采用 $P_{in(min)}$ 和 $P_{in(max)}$ 两个参数来描述，只是为了直观表达辐射功率的范围。

4.2　跨阻放大器

不同的光电检测应用中，对跨阻放大器的要求也完全不同。对于微弱光信号的检测，为了实现高信噪比，就需要高增益跨阻放大器；对于高速信号的传输，为了提高通信速率，就需要高带宽跨阻放大器。

4.2.1　高增益

如果光电二极管输出的光电流信号很小，就希望跨阻放大器的增益尽可能高。不考虑信号带宽的情况下，增益电阻 R_F 选择尽可能大的阻值，让跨阻放大器输出电压尽可能的高。

1. 增益电阻

由于运放输出电压摆幅的约束，增益电阻 R_F 的选择还要由供电电源 $+V_{cc}$、$-V_{ee}$ 和输出端裕量 $V_{HeadroomOUT+}$、$V_{HeadroomOUT-}$ 来决定。以负偏模式的光电二极管为例，跨阻放大器的输出最大值就是 $(+V_{cc} - V_{HeadroomOUT+})$，如图4-6（a）所示。

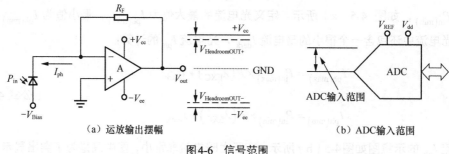

（a）运放输出摆幅　　　　　　　　　　（b）ADC输入范围

图4-6　信号范围

跨阻放大器之后可能有 ADC 做数据采集，现代 ADC 的输入范围一般是 0～2.5V、0～3.3V 或 0～5.0V 等。综合考虑运放输出摆幅和 ADC 输入范围之后，假定跨阻放大器输出最大值为 $V_{\text{out\_TIA(max)}}$，光电流最大值 $I_{\text{ph(max)}}$，计算增益电阻 R_{F}：

$$R_{\text{F}} = \frac{V_{\text{out\_TIA(max)}}}{I_{\text{ph(max)}}}(\Omega) \qquad （公式 4.2）$$

增益电阻 R_{F} 应该选择高精度、低温度系数的类型，如果 R_{F} 阻值很大，可以采用多个电阻串联的方式。以上增益电阻 R_{F} 的计算，并没有考虑跨阻放大器电路的信号带宽，由于信号增益与信号带宽相互制约，因此得到 R_{F} 之后，一定还要检查信号带宽是否满足系统要求。

 小提示

　　在光电接收和调理电路中，如果从信噪比来说，实际上由第一级跨阻放大器决定，后级增益可以放大信号但不能提高信噪比。

2. 优缺点

从电压噪声的角度来说，增加 R_{F} 阻值后热噪声也随着增大。但对跨阻放大器电路来说，输出电压 V_{out} 与增益电阻 R_{F} 成正比，而热噪声大小 $\sqrt{4kTR_{\text{F}}}$ 与 R_{F} 的平方根成正比。从信噪比的角度，分母（噪声）增大的速度不如分子（信号）快，因此增大 R_{F} 后仍然提高了系统的信噪比。但电阻 R_{F} 变大以后，也会带来一些影响。

- 直流偏置误差增加。回顾"2.4.1 直流误差"节，运放的偏置电流 I_{B} 经过增益电阻 R_{F} 之后，在运放的输出端产生 $I_{\text{B}} \times R_{\text{F}}$ 的偏置误差。由于运放输出端摆幅范围是有限的，引入的偏置误差越大，留给信号的动态范围就越小。

- 信号带宽减小。回顾"2.4.2 信号增益和信号带宽"节，信号带宽 $\text{BW}_{\text{Signal}}$ 与 $R_{\text{F}} \times C_{\text{F}}$ 乘积的倒数相关，电阻 R_{F} 越大，信号带宽就越小。对于阶跃信号，带宽变窄会造成建立时间变长，大大降低系统的响应速度。虽然可以通过减小电容 C_{F} 来缓解带宽约束，但仍然受到最小补偿电容 $C_{\text{F(min)}}$ 的限制。

3. 电流噪声

运算放大器的选择和设计时，工程师通常比较关注电压噪声谱密度 e_{n} 指标，对电流噪声谱密度 i_{n} 不太关注。在跨阻放大器电路中，运放反相输入端的电流噪声 $I_{\text{n,-IN}}$ 经过增益电阻 R_{F} 后会转成电压噪声，当 R_{F} 取值较大时，就需要分析电流噪声给系统带来的影响。

对 JFET 和 CMOS 型运放来说，电流噪声谱密度在 $\text{fA}/\sqrt{\text{Hz}}$ 级别甚至更低，电流噪声带来的影响一般并不明显。但对于 BJT 型运放，电流噪声谱密度可能达到 $\text{pA}/\sqrt{\text{Hz}}$ 级别，如果 R_{F} 取值较大，电流噪声就会超过电压噪声成为主要噪声源。如果不了解运放的类型，可以查阅数据手册中电流噪声谱密度 i_n 指标，计算 $i_n \times R_F$ 的乘积，与电压噪声谱密度 e_n 做一个粗略对比。

跨阻放大器电路中，电流噪声的带宽与信号带宽相同，电压噪声的带宽与噪声带宽相同，而且电路中还存在着噪声增益，因此仅通过噪声的谱密度大小对噪声进行评估并不严谨。实际电路分析时，需要计算每个噪声成分的 RMS 值，然后再进行比较。

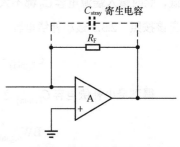

图 4-7　跨阻放大器的寄生电容

4. 寄生电容

增益电阻 R_F 的两个 PCB 焊盘之间，会存在寄生电容 C_{stray}，容值大小与电阻的封装尺寸及 PCB 的布局布线相关，估算时一般假定在 $0.2\sim0.5\mathrm{pF}$。以图 4-7 所示的跨阻放大器为例，寄生电容 C_{stray} 的存在，相当于对系统增加了补偿电容 C_F，这必将影响到系统的信号带宽。

图 4-7 中以 $R_F = 100\mathrm{k}\Omega$，$C_{stray} = 0.2\mathrm{pF}$ 为例，计算信号带宽 $\mathrm{BW_{Signal}}$：

$$\mathrm{BW_{Signal}}\big|_{R_F, C_{stray}} = \frac{1}{2\pi \cdot R_F \cdot C_{stray}} = \frac{1}{2\pi \times 100\mathrm{k}\Omega \times 0.2\mathrm{pF}} = 7.96\mathrm{MHz} \qquad （公式 4.3）$$

计算结果可见，图 4-7 所示的电路中即使没有补偿电容 C_F，由于寄生电容 C_{stray} 的存在，信号带宽只有不到 8MHz。跨阻放大器电路中如果增益电阻 R_F 很大，寄生电容带来的影响就不能被忽视。

> **小提示**
> 寄生电容大小是未知的，对信号带宽的影响也是隐形的。可以输入脉冲激励信号，通过输出信号的上升时间来估算系统带宽，推算寄生电容的大小。

5. 估算 GBW 需求

很多情况下，工程师希望根据增益电阻 R_F 和源电容 C_S 大小，推算对运放增益带宽积 GBW 的需求。如果基于运放的临界补偿状态，采用最小补偿电容 $C_{F(min)}$ 的简化公式，根据信号带宽 $\mathrm{BW_{Signal}}$ 来估算增益带宽积 GBW 的最小要求：

$$C_{F(min)} = \sqrt{\frac{1}{2\pi} \cdot \frac{C_S}{R_F \times f_{GBW}}} \quad , \quad \mathrm{BW_{Signal}} = \frac{1}{2\pi \cdot R_F \cdot C_{F(min)}} \qquad （公式 4.4）$$

$$\Rightarrow \mathrm{GBW_{min}} = 2\pi \cdot R_F \cdot C_S \cdot \left(\mathrm{BW_{Signal}}\right)^2$$

需要注意的是，这个 $\mathrm{GBW_{min}}$ 计算结果是基于运放处于临界补偿的状态，以及补偿电容 C_F 远小于源电容 C_S，估算结果只能作为运放选型时的一个参考。

4.2.2　高带宽

高速数字传输和脉冲检测的应用中，都需要高带宽跨阻放大器，除了选择高增益带宽积 GBW 的运放之外，还要在信号增益和带宽之间折中和平衡。

1. 信号带宽

运放增益带宽积 GBW 一定的情况下，跨阻放大器电路的信号带宽 $\mathrm{BW_{Signal}}$ 与增益电阻 R_F 会相互制约，为了保证信号带宽，只有减小增益电阻 R_F 的取值。高带宽跨阻放大器设计中，可以先初步选定 R_F，计算最小补偿电容 $C_{F(min)}$，然后检查信号带宽。

高速光电二极管的敏感区面积一般比较小，施加反偏电压之后，结电容 C_J 会在几个皮法拉或更低，此时输入端源电容 C_S 都不大，因此最小补偿电容 $C_{F(min)}$ 的计算并不能采用简化计算公式，而是应该按照"2.3.3 最小补偿电容"节中的公式：

$$C_{F(min)} = \frac{1}{4\pi \cdot R_F \cdot f_{GBW}}\left(1 + \sqrt{1 + 8\pi \cdot R_F \cdot C_S \cdot f_{GBW}}\right) \qquad （公式 4.5）$$

得到最小补偿电容 $C_{F(min)}$ 之后，在增益电阻为 R_F 情况下可以获得的最大信号带宽 $BW_{Signal(max)}$：

$$BW_{Signal(max)} = BW_{Signal}\mid_{R_F, C_{F(min)}} = \frac{1}{2\pi \cdot R_F \cdot C_{F(min)}} \qquad （公式 4.6）$$

如果 $BW_{Signal(max)}$ 低于系统要求，首先尝试选择更高增益带宽积 GBW 的运放，再次计算最小补偿电容 $C_{F(min)}$，检查信号带宽。如果仍然无法满足，只有通过减少增益电阻 R_F 来满足带宽需求。高带宽跨阻放大器设计中，反馈电阻 R_F 的确定，可能会有一个反复尝试的过程，直到获得可以接受的结果。

以上为最小补偿电容和信号带宽的计算公式，如果采用手工计算，不但烦琐而且容易出错，可以采用"5.1.1 在线工具"节中介绍的设计辅助工具。在"5.2.2 跨阻放大器仿真"节中，也有跨阻放大器增益与带宽的仿真案例可以参考。

> **小提示**
> 高速光电二极管的寄生结电容 C_J 都很小，高带宽跨阻放大器设计中，也要选择输入端差模电容 C_{CM} 和共模电容 C_{DM} 尽可能小的运放型号。

2. 最小增益

为了满足信号带宽需求，高带宽跨阻放大器设计中常常会选择非完全补偿型运放，但这种运放都有最小增益 $Gain_{min}$ 的要求，如果没有被满足，输出端很有可能会产生振荡。

跨阻放大器电路中，$Gain_{min}$ 是基于噪声增益来判断的。光电二极管和运放选定之后，源电容 C_S 大小就确定了，因此对补偿电容 C_F 来说，还会存在一个最大值 $C_{F(max)}$ 的约束：

$$1 + \frac{C_S}{C_F} \geq Gain_{min} \Rightarrow C_{F(max)} = \frac{C_S}{Gain_{min} - 1} \qquad （公式 4.7）$$

跨阻放大器电路中如果选择非完全补偿型运放，补偿电容还会存在最大值 $C_{F(max)}$ 的限制，这一点容易被忽略。

3. 脉冲信号

脉冲信号检测是高带宽跨阻放大器的一个典型应用，脉冲信号高低变化边沿的陡峭程度通常采用上升时间和下降时间来描述。上升时间 t_r 定义为信号从最终稳态值的 10% 上升到 90% 所经历的时间，如图4-8（a）所示；下降时间 t_f 的定义相反，是信号从最终稳态值的 90% 下降到 10% 所经历的时间。上升时间是根据波形幅值的百分比来定义，与电压幅值的具体大小无关。

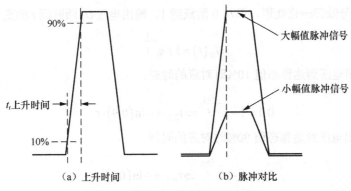

（a）上升时间　　　　　（b）脉冲对比

图4-8　信号的上升时间与脉冲对比

选择信号幅值的10%和90%来定义上升时间和下降时间是为了避开信号变化过程中的过冲和振荡，有些厂家也可能以20%和80%来定义。理想情况下 $t_r = t_f$，但实际器件的上升时间与下降时间可能略有不同。

上升时间参数既能反映出信号变化的快慢程度，也可以用于系统的带宽估算。上升时间越短，信号跳变沿边就越陡峭，意味着信号中含有更多的高频分量，相当于系统有更大的信号带宽。上升时间 t_r 与系统–3dB 带宽 f_{-3dB} 之间有一个常用的换算公式：

$$f_{-3dB} = \frac{0.35}{t_r(\text{s})} = \frac{350M}{t_r(\text{ns})} \text{Hz} \qquad （公式 4.8）$$

很多人直觉上认为，脉冲信号幅值越大对带宽的需求越高，但真正影响信号带宽的是上升时间 t_r。如果幅值不同的两个脉冲信号，上升时间是相同的，如图 4-8（b）所示，那信号带宽就是一样的，它们的区别在于信号压摆率是不同的。

> **小提示**
>
> 有些工程师会用脉冲宽度的倒数来推算信号带宽，例如他们认为 10ns 的脉冲对应的就是 100MHz 的信号带宽，这是不对的，应该按照信号的上升/下降时间来换算信号带宽。

4. 估算公式

上升时间 t_r 与带宽 f_{-3dB} 换算公式中的系数 0.35，是基于单极点模型（One-pole model）的计算结果。最简单的单极点系统是由电阻和电容构成的一阶 RC 低通滤波器，如图4-9 所示，以下推导为换算公式中系数 0.35 的由来。

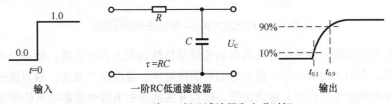

图4-9　一阶 RC 低通滤波器和上升时间

RC 低通滤波器的时间常数：$\tau = RC$。

系统的–3dB 带宽 f_{-3dB}：

$$f_{-3dB} = \frac{1}{2\pi \cdot RC} = \frac{1}{2\pi \cdot \tau} \Rightarrow \tau = \frac{1}{2\pi \cdot f_{-3dB}} \qquad （公式 4.9）$$

将输入阶跃信号做归一化处理，即从 0 阶跃到 1，输出电压 U_c 随时间 t 的变化规律：

$$U_c(t) = 1 - e^{-\frac{t}{\tau}} \qquad （公式 4.10）$$

定义 $t_{0.1}$ 为输出电压到达稳态值 10%时对应的时刻：

$$0.1 = 1 - e^{-\frac{t_{0.1}}{\tau}} \Rightarrow t_{0.1} = -\ln(0.9) \cdot \tau \qquad （公式 4.11）$$

定义 $t_{0.9}$ 为输出电压到达稳态值 90%时对应的时刻：

$$0.9 = 1 - e^{-\frac{t_{0.9}}{\tau}} \Rightarrow t_{0.9} = -\ln(0.1) \cdot \tau \qquad （公式 4.12）$$

计算上升时间 t_r：

$$t_r = t_{0.9} - t_{0.1} = \tau \cdot \left[-\ln(0.1) + \ln(0.9) \right] = \tau \cdot \ln(9) = \frac{1}{2\pi \cdot f_{-3dB}} \cdot \ln(9) \approx \frac{0.35}{f_{-3dB}} \qquad （公式 4.13）$$

这就是换算公式中系数 0.35 的由来。如果实际电路不是一阶系统，采用系数 0.35 来换算可能会引入一定的误差。

4.2.3　切换跨阻

如果光电流的动态范围很大，为了解决信号量程和精度的矛盾，常见的方案就是把增益电阻设计成可切换的，采用不同的增益电阻来处理不同的信号区间。这种能够切换增益电阻的跨阻放大器也被称为切换增益跨阻放大器（Gain switched TIA）或可编程增益跨阻放大器（Programmable gain TIA）。

1. 切换跨阻

利用模拟开关切换路径是最常见的做法，以 R_{F1} 和 R_{F2} 两种增益电阻为例，电路如图 4-10 所示。通过控制模拟开关 S_1 和 S_2 的闭合，可以选择不同的增益电阻路径。

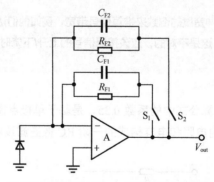

图4-10　跨阻放大器——模拟开关切换跨阻

电路看起来没有问题，但模拟开关自身的非理想特性会引入多种误差。模拟开关的导通电阻存在于反馈路径中，会引入增益误差。而且导通电阻随电压、温度发生变化，难以通过校准的方式消除。另外模拟开关的漏电流会引入直流误差，模拟开关的寄生电容也会影响系统带宽。

2. 开尔文开关

模拟开关导通电阻造成增益误差的问题，可以通过开尔文开关（Kelvin switch）技术来解决。在每个增益电阻选择路径中引入两个开关，其中一个用于跨阻放大器的输出连接反馈网络，另一个用于连接下游输出。电路如图4-11 所示，若图中 S_{1A} 和 S_{1B} 闭合，S_{2A} 和 S_{2B} 打开，选择的是 R_{F1} 和 C_{F1} 增益通路。

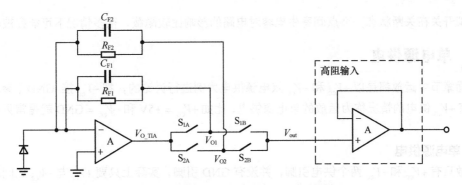

图 4-11　跨阻放大器——开尔文开关切换跨阻

图 4-11 所示电路中模拟开关 S_{1A} 仍然在反馈路径之中，但与图 4-10 所示电路的不同之处在于，送往下一级的信号并不是从跨阻放大器的输出节点 V_{O_TIA} 引出，而是从图中 V_{O1} 节点引出。假定光电流大小为 I_{ph}，模拟开关 S_{1A} 的导通电阻为 R_{ON_S1A}，分析电路的传输特性：

$$V_{O\_TIA} = I_{ph} \times \left(R_{F1} + R_{ON\_S1A}\right), \quad V_{O1} = V_{O\_TIA} \times \frac{R_{F1}}{R_{F1} + R_{ON\_S1A}} \qquad （公式 4.14）$$

$$\Rightarrow V_{O1} = I_{PD} \times R_{F1}$$

采用两组开关的开尔文开关技术，虽然模拟开关 S_{1A} 的导通电阻 R_{ON_S1A} 仍然存在于反馈环路内，由于向下一级的输出是从 V_{O1} 节点引出，避免了导通电阻带来的影响。模拟开关 S_{1B} 的导通电阻会向 V_{O1} 节点贡献输出阻抗，因此下一级电路需要具有高输入阻抗特性。

3. 寄生电容

模拟开关在关断状态下，节点间存在的寄生电容，也会给电路带来影响。如图 4-12（a）所示电路为例，此时电路图中 R_{F1} 和 C_{F1} 为导通状态，但关断状态的两个模拟开关存在寄生电容 C_p，图中用虚线表示。通过导通状态的两个模拟开关，两个寄生电容可以等效到图 4-12（b）所示电路图中的位置。

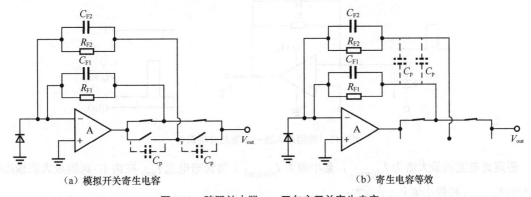

（a）模拟开关寄生电容　　　　　　　　　　（b）寄生电容等效

图 4-12　跨阻放大器——开尔文开关寄生电容

图 4-12（b）中可以看出，虽然增益电阻选择了 R_{F1} 通路，但电容 C_{F2} 与 $2 \times C_p$ 串联之后与 C_{F1} 并联，此时实际的补偿电容 $C_{F1(total)}$ 有：

$$C_{F1(total)} = C_{F1} + \frac{C_{F2} \times \left(2 \times C_p\right)}{C_{F2} + \left(2 \times C_p\right)} \qquad （公式 4.15）$$

模拟开关在关断状态，节点间寄生电容对电路的影响比较隐蔽，很多情况下可能会被忽略。

4.2.4　单电源供电

前面章节中运放都是以 $+V_{cc}$ 和 $-V_{ee}$ 双电源供电为例进行讨论的，把 $-V_{ee}$ 接 GND（参考电位为 0），只有 $+V_{cc}$ 供电的情况称为运放的单电源供电，比如 $+V_{cc} = +5V$ 和 $-V_{ee} = GND$ 就是常见的单电源供电。

1. 单电源供电

运放只有 $+V_{cc}$ 和 $-V_{ee}$ 两个供电引脚，并没有 GND 引脚，实际上只要 $+V_{cc}$ 与 $-V_{ee}$ 之间的电压差在器件允许的绝对最大值（Absolute maximum ratings）范围内，运放就不会损坏。事实上所有的运放都可以在单电源供电下工作，但要注意输入输出范围的约束。

回顾"2.2.2 运算放大器参数"节，运放输入端和输出端所允许的电压范围，就是供电电源减去输入端和输出端裕量后的区间。早期的 BJT 型运放，输入端和输出端裕量在 0.9～1.5V，这造成输入范围和输出范围都受到很大约束，并不适合工作在 +5V 单电源条件下。现代轨到轨（Rail-to-Rail）运放的输入端和输出端裕量仅有 mV 级别，轨到轨特性有助于提高运放的输入范围和输出范围，就可以采用单电源供电。

采用单电源供电的运放电路，省去了负电源，减少了系统电源轨数量，节省了空间，也可以降低总体功耗，有着明显的优势，现代电路设计也向着低电压单电源供电的趋势发展。

2. 增加偏置

在光电流 $I_{ph} = 0$ 的情况下应该有 $V_{out} = 0$，如果运放采用正负双电源供电是没有问题的。但采用单电源供电时，即使选用轨到轨输出型（RRO）运放，输出 V_{out} 也无法为 0。此时可以在运放的同相输入端+IN 增加一个共模偏置电平 V_{CM_TIA}，如图 4-13 所示，那在光电流 $I_{ph} = 0$ 的情况下，跨阻放大器的输出 V_{out} 不再是 0，而是 V_{CM_TIA} 电平。

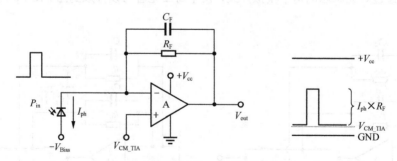

图4-13　跨阻放大器——增加共模偏置

假定光电流的最大值为 $I_{ph(max)}$，最小值为 $I_{ph(min)}$（包含暗电流 I_{dark} 在内），跨阻放大器输出的最大值 $V_{out(max)}$ 和最小值 $V_{out(min)}$ 为：

$$V_{out(max)} = I_{ph(max)} \times R_F + V_{CM\_TIA}$$

$$V_{out(min)} = I_{ph(min)} \times R_F + V_{CM\_TIA}$$

（公式 4.16）

计算结果可以看出，运放同相输入端增加 V_{CM_TIA} 电平后，只是在输出 V_{out} 中增加了一个固定偏置，并没有改变信号增益。只要保证 $V_{out(max)}$ 和 $V_{out(min)}$ 不超出运放的输出摆幅范围，电路就是没有问题的。

运放同相输入端的共模偏置电平 V_{CM_TIA}，可以由基准芯片提供，也可以通过电阻分压的方式获得，如图 4-14 所示。为了限制噪声带宽，必须增加旁路电容 C_{Byp}，过滤掉电阻热噪声中的高频成分。如果光电二极管的正极接 GND，同相输入端增加 V_{CM_TIA} 电平后，相当于给光电二极管施加了一个反偏电压 V_{CM_TIA}，会引入暗电流 I_{dark}。

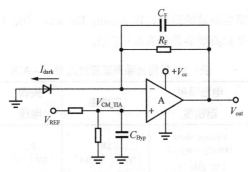

图 4-14　共模偏置——电阻分压

> **小提示**
>
> 如果要求 $I_{ph}=0$ 的情况下，必须要有 $V_{out\_TIA}=0$，那么跨阻放大器仍然需要采用双电源来供电。

4.3　后级增益

如果跨阻放大器输出信号的幅值比较小，为了与后级 ADC 的输入范围相匹配，通常会增加一级信号放大电路，这也称为跨阻放大器的后级增益（Post gain）。

增加后级增益电路看起来对信号进行了放大，但跨阻放大器输出的噪声也同时被放大，由于还会引入新的噪声，所以后级增益设计不当的话，反而会损伤信噪比。

4.3.1　运放选择

后级增益就是一个基本的信号放大电路，多数工程师会习惯性选择常见的电压反馈型运放，本节介绍运放选型时的关键指标及一些常用的型号。

1. 关键指标

后级增益运放的选型中，需要重点关注的参数指标包括：增益带宽积 GBW、压摆率 SR 和电压噪声谱密度 e_n 等。

常用的电压反馈型运放，放大倍数与信号带宽之间存在着增益带宽积 GBW 的制约。在保证带宽的前提下，如果运放需要很高的放大倍数，后级增益就要分成两级甚至多级来实现。另外增益带宽积 GBW 一般都是对小信号带宽来说的，如果放大后输出幅值较大，运放的输出压摆率可能会成为约束。

脉冲信号检测应用中，为了保证脉冲信号的上升/下降沿不失真，随着信号幅值的增大，对运放输出压摆率的要求也越来越高。高速运放的输出压摆率可以达到 1 000V/μs，即 1V/ns，假定信号的摆幅有 3V，那上升/下降时间就需要 3ns，对于检测脉冲宽度在 10ns 级别的应用，这样的性能就显得不足。

当信号带宽较大的时候，为了减少运放自身引入的噪声，一定要选择低电压噪声的运放。放大电路中的电阻也会贡献噪声，在保证放大比例的前提下，尽量选择小阻值的，一般在 kΩ 级别或更小。由于电阻值较小，运放的电流噪声造成的影响并不明显。

2. 型号推荐

后级增益电路中电压反馈型运放的选择，以 Analog Devices，Inc.（ADI）公司的单通道高带宽低噪声运放为例，常用的型号和典型参数如表4-1所示。

表4-1　常用低噪声运算放大器——ADI

器件	增益带宽积	电压噪声谱密度	压摆率	失调电压	供电电流	供电范围
	GBW（typ）/ Hz	Voltage Noise Density（typ）/（V/$\sqrt{Hz}$）	SR（typ）/（V/μs）	V_{os}（typ）/ μV	I_q（typ）/mA	V_s（Min～Max）/ V
LTC6268-10	4G	4n	1 500	200	16.5	3.1～5.25
AD8099	3.8G	950p	470	100	15	5～12
ADA4895-1	1.5G	1n	943	28	3	3～10
LTC6228	890M	880p	500	20	16	2.8～11.75
LTC6268	500M	4.3n	400	200	16.5	3.1～5.25

运放的失调电压 V_{os} 也会添加到后级增益输出之中，但这是一个直流偏置误差，可以通过系统校准的方式来消除。

> 小提示
> 　　后级增益放大了信号幅值，可以更有效的利用 ADC 输入量程，但实际上跨阻放大器输出的信号和噪声都会被后级增益放大。

4.3.2　其他推荐

后级增益电路，除了选择电压反馈型运放，如果采用电流反馈型运放和全差分型运放，也能获得不错的结果。

1. 电流反馈型运放

电流反馈型运放具有高带宽、高压摆率的特点，还有带宽不受增益带宽积约束的独特优势，非常适合用作脉冲信号的后级增益放大电路。

以 ADI 的 AD8000 电流反馈型运放为例，输出电压 V_{out}=2V_{p-p}（电压峰峰值）情况下，不同增益条件下的幅频特性曲线如图 4-15（a）所示。增益 G=2 时，带宽为 600MHz 左右；增益 G=10 时，带宽仍然有 350MHz 左右。图 4-15（b）是在增益 G=2 条件下 AD8000 的压摆率特性。

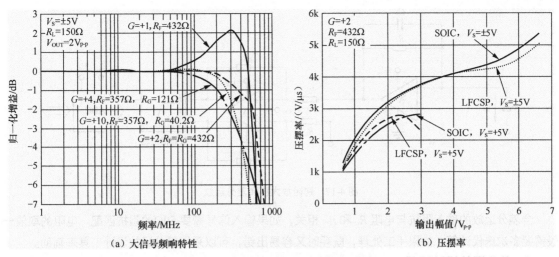

(a) 大信号频响特性   (b) 压摆率

图4-15 AD8000 的频响特性和压摆率

后续 "5.2.1 运放电路仿真" 节中，有运放输出压摆率的仿真案例，可以对比电流反馈型运放和电压反馈型运放在脉冲信号后级放大中的差异。

2. 全差分型运放

信号经过后级增益后，通常被送给 ADC 做数据采集。现代高速 ADC 的输入级都是差分形式，这就需要单端到差分（Single-ended to differential）的转换和 ADC 驱动。差分运放也能够完成信号放大，因此后级增益和 ADC 驱动，完全可以用差分运放一起实现。

以 ADI 的全差分型运放 ADA4930 为例，单 5V 供电条件下，V_{in}=2V_{P-p}（峰峰值）时增益 G 分别为 1、2、5 的频响特性曲线如图 4-16（a）所示。在增益 G 为 1 和 2 时，幅频曲线中有峰化现象（注：关于峰化现象请回顾 "2.4.2 信号增益和信号带宽" 节中的幅频峰化内容），在增益 G=5 时，带宽有 850MHz 左右。图 4-16（b）中是输出 V_{out} 为 1V_{p-p} 和 2V_{p-p} 情况下 ADA4930 的脉冲响应结果，压摆率在 3 000V/μs 左右。

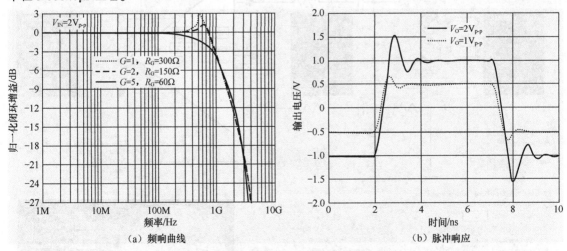

(a) 频响曲线   (b) 脉冲响应

图4-16 ADA4930 的频响特性和脉冲响应

全差分运放的输出可以添加共模电平 V_{OCM}，让输出信号的摆动范围变成高于地电位的单极性。如果跨阻放大器的同相输入端也增加共模偏置电平 V_{CM_TIA}，那整个信号接收电路就可以简化成单电源供电，如图4-17 所示。

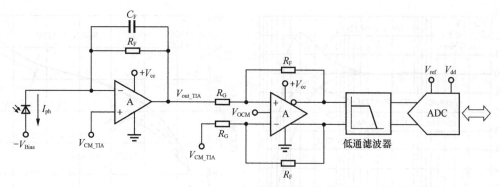

图 4-17　跨阻放大器和差分运放

全差分运放的输入阻抗与电阻 R_F 和 R_G 相关，如果输入信号需要 50Ω 的阻抗匹配，电阻的取值一般需要多次迭代计算，如果手工处理，既耗时又容易出错，可以采用差分运放设计工具来辅助。

3. 差分运放设计工具

DiffAmpCalc™是 ADI 提供的差分运放设计工具，拥有友好的图形界面，采用简单的交互式输入，可以轻松确定增益电阻、匹配电阻等。DiffAmpCalc 具有出错检测的功能，一旦电路超出正常工作区间，文本框会显示红色告警消息，提示用户修改设定。

DiffAmpCalc 运行界面如图 4-18 所示，左上角 Topology 区域设定输入为单端（Single ended）或差分（Differential），是否 50Ω 端接（Terminate）及是否采用交流耦合（AC Coupled）。右侧运放的三角形框内，在下拉选择框中设定差分运放型号。Target Gain 框中输入目标增益大小，电阻 R_G 的值手动输入，工具会自动计算电阻 R_F 值，并匹配最接近的标准阻值。

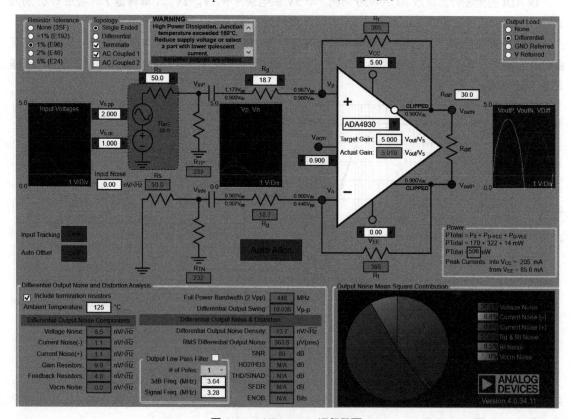

图 4-18　DiffAmpCalc 运行界面

设计工具还计算了系统带宽、噪声大小及信噪比等，显示在界面左下角。差分运放电路中的噪声源有多个，运行界面右下角用圆饼图直观显示了噪声成分的构成。

4.4 供电电源

为了减少跨阻放大器电路的噪声，除了选用低噪声运放之外，还要关注供电电源的质量。现代电路设计中为了提高效率降低功耗，通常都采用 DC-DC 开关电源，这就不可避免地给电路带来了纹波和噪声。特别在开关频率较高时，设计不良的供电电源会影响运放电路的性能。

4.4.1 电源抑制比

电源抑制比（Power supply rejection ratio，PSRR）用来描述供电电源变化对器件带来的影响，通常用 dB（分贝）来表示。不同厂家的 PSRR 指标有正值也有负值，区别在于计算时分子分母位置不同，因此只是正负号的差别，数值大小相同。

1. 运放 PSRR

运算放大器供电电源发生变化，对输出带来的影响，称为运放的电源抑制比。很多工程师看到运放输出端的噪声偏大，就简单地认为运放的噪声性能太差，但供电电源的纹波会给运放输出带来噪声，这个干扰路径常常被忽略。

运放 PSRR 分为直流 DC-PSRR 和交流 AC-PSRR，现代运放的 DC-PSRR 性能一般都非常出色，优于 90 dB 甚至更好，但随着频率的升高，AC-PSRR 的性能会逐渐变差。运放数据手册参数表中提供的 PSRR 指标都是 DC-PSRR，而 AC-PSRR 特性通常是在附图中给出。

运放的 AC-PSRR 随频率的增大而下降，以 ADI 的运放 ADA4610 为例，在 ±15V 供电条件下 PSRR 指标如图 4-19 所示，横轴为频率，纵轴为运放的 PSRR。运放有两个电源轨，正负电源的性能会有不同，图中分别用 PSRR+ 和 PSRR− 两条曲线来表示。

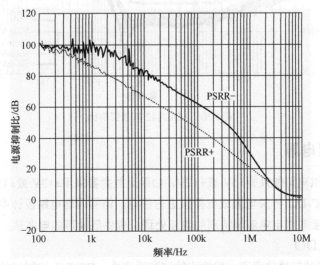

图 4-19　ADA4610 的电源抑制比

图4-19 中看到，在 100Hz 低频干扰的情况下，ADA4610 的 PSRR 可以达到 100dB 级别，但干

扰频率升高到 10MHz 时，PSRR 接近 0dB，这意味着 ADA4610 几乎失去了对电源噪声的抑制能力。

> **小提示**
> 运放的 PSRR 指标通常是折算到输入端 RTI 来计算，运放电路的增益较大时，电源干扰带来的影响是非常明显。

2. LDO PSRR

低压差线性稳压器（Low dropout regulator，LDO）通过调整内部的晶体管或 FET，维持输出电压的稳定。LDO 的电源抑制比 PSRR 是指在某个频率下，从输入到输出的衰减程度。LDO 一般具有较高的 PSRR 和很低的输出噪声。

LDO 的 PSRR 与频率相关，通常随着干扰频率的增加而降低，LDO 的 PSRR 与输入端和输出端之间的压差也有关系，通常压差越大 PSRR 性能越好。以 ADI 的运放 ADP7142 为例，输出+5V 情况下，PSRR 性能如图4-20 所示，图中多条曲线代表不同压差情况下的 PSRR 指标。

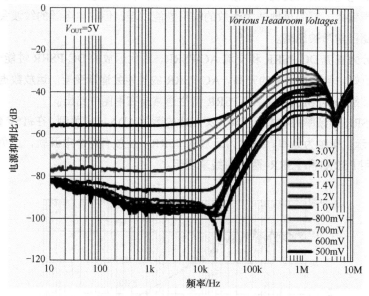

图4-20　ADP7142 电源抑制比

4.4.2　低噪声双电源

现代电子系统的供电可能只有+5V 或+12V，如果运放需要采用±12V 或±15V 的双电源供电，常见的方式就是利用 DC-DC 开关电源或电荷泵进行供电。信号调理电路设计中，不能仅靠运放自身的电源抑制能力，还要对供电电源做特别的滤波处理，提供低噪声的电源轨。

1. DC-DC + LDO

DC-DC 开关电源的转换效率高，但输出纹波和噪声大。DC-DC 控制器的工作频率一般在几百千赫兹甚至兆赫兹级别，输出电源轨中除了有开关频率，还有丰富的高频分量。为了有效降低纹波和噪声，可以采用 "DC-DC＋LDO" 的低噪声正负双电源方案，利用 LDO 的稳压特性，对 DC-DC

开关电源生成的电源轨实施滤波。

以输入 +5V 生成 ±15V 电源为例，电路如图 4-21 所示。升压/降压 DC-DC 控制器 ADP5071 产生 ±16V 的中间电源轨，经过 ADP7142 正压 LDO 和 ADP7182 负压 LDO，得到低噪声的 ±15V 电源。

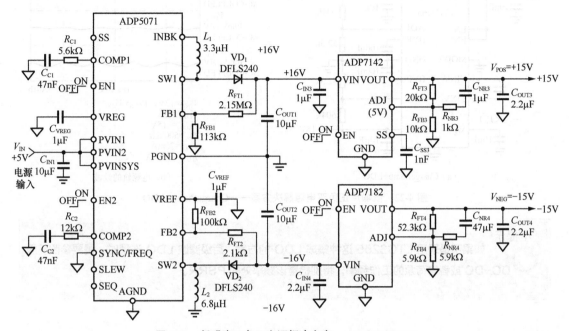

图 4-21   低噪声正负双电源解决方案——DC-DC+LDO

ADP5071 是双通道高性能 DC-DC 控制器，输入电压范围为 2.85～15V，可以生成独立调节的正电源和负电源。ADP7142 是 2.7～40V 输入正压 LDO，最大带载电流 200 mA，输出噪声仅 11μV（RMS）。ADP7182 是 –2.7～–28V 输入负压 LDO，最大带载电流为 –200mA，输出噪声为 18μV（RMS）。两款 LDO 采用先进的专有架构，输出端只需要一个 2.2μF 小型陶瓷型电容，即可实现出色的电源抑制与负载瞬态响应性能。

2. ChargePump + LDO

DC-DC 开关电源适合需要较高输出电流（大于 100mA）的应用，如果电源功耗不大而且尺寸面积有限，可以利用电荷泵（ChargePump）实现升压及负压的转换，因为不需要电感等磁性元件，占用 PCB 面积较小，而且 EMI 性能也会优于开关电源。

"ChargePump + LDO" 的低噪声正负双电源方案，以 ADI 的 LTC3265 为例，内部集成了升压电荷泵、负压电荷泵及正负 LDO。由 +12V 生成 ±15V 双电源的电路如图 4-22（a）所示。LTC3265 设定在低噪声恒定频率模式，升压电荷泵在 V_{OUT^+} 引脚生成 $2 \times V_{IN\_P}$ 正电压，V_{OUT^+} 被送入 V_{IN_N} 引脚，负压电荷泵生成 V_{OUT^-} 负电压。V_{OUT^+} 和 V_{OUT^-} 分别供给内部正负 LDO，在 LDO$^+$ 和 LDO$^-$ 引脚输出低噪声的正负双电源。

在工作频率为 500kHz、负载电流为 ±20mA 的测试条件下，V_{IN_P}、V_{IN_N}、V_{LDO^+}、V_{LDO^-} 四个电源轨的纹波如图 4-22（b）所示，可见 V_{LDO^+} 和 V_{LDO^-} 的噪声保持在非常低的水平。

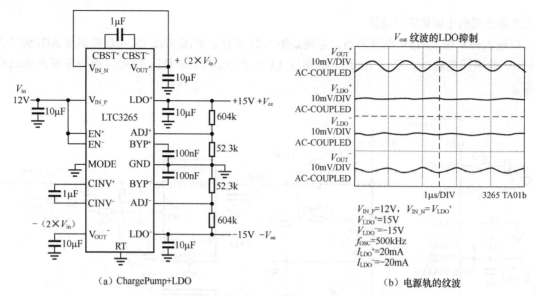

（a）ChargePump+LDO

（b）电源轨的纹波

图 4-22　低噪声正负双电源解决方案——ChargePump+LDO

4.5　PCB 设计

　　原理图（SCH）设计中通常假定 PCB（印制电路板）是理想的，因此 PCB 布局布线中就要关注非理想因素带来的影响。低电流检测的应用中，需要避免 PCB 上产生漏电流；高速高带宽应用中，需要减小 PCB 上的寄生电容。

4.5.1　漏电流

　　PCB 一般基于 FR-4 玻璃纤维基材涂环氧树脂经半固化后制成，无法达到理想的绝缘，板上两根导线之间如果存在电压差，会导致一个非常小的电流存在，形象的称其为漏电流（Leakage current）。基于电压差和漏电流，于是也有漏电阻或绝缘电阻的概念。

1. 漏电流

　　PCB 上漏电流的大小与基板材质、导线间距、阻焊层、助焊剂和清洗剂残留、灰尘及空气湿度等许多因素相关，漏电流路径会分布在导体的整个接触面上，但在漏电流分析的简化建模中，会将其等效成一个漏电阻来集中表示。

　　跨阻放大器电路中，漏电流对运放-IN 反相输入端节点的影响是最大的。以图 4-23 所示的简单模型来描述，如果-IN 反相输入端网络附近有-5V 电源走线，假定 PCB 上的漏电阻

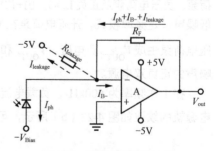

图 4-23　跨阻放大器漏电流

$R_{\text{leakage}} = 100\,\text{G}\Omega$ ，则漏电流 $I_{\text{leakage}} = 50\,\text{pA}$ 。这个 I_{leakage} 会在运放输出 V_{out} 中引入直流偏置误差。

理论上来说通过提高 PCB 绝缘电阻的方式可以减少漏电流，但对 FR-4 基材的 PCB 绝缘电阻不能提出不切实际的要求，而且绝缘电阻还会受高温老化。其他一些辅助措施也用于降低表面漏电流，例如对 PCB 表面进行清洁处理，避免杂质残留，以及对 PCB 表面涂覆三防漆，避免水汽、灰尘的侵入等。

2. 绝缘支架

为了避免 PCB 上的绝缘电阻引入漏电流，早期采用一种特氟龙绝缘（Teflon standoff insulator）支架架空布线的方式。以 DIP 封装（双列直插式封装）运放为例，实施示意如图4-24所示。需要保护的信号线并不在 PCB 上走线，运放的输入引脚也不焊接在 PCB 上，两者在绝缘支架上相连。特氟龙是一种非常好的绝缘材料，通过绝缘支架与 PCB 相隔离，避免了在信号线上产生漏电流。

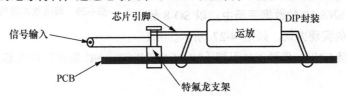

图4-24　特氟龙支架架空布线

ADI 的极低偏置电流运算放大器 AD549，采用了 TO-99 封装，这样可以利用绝缘支架的方式来减少漏电流。但这样的实施方式，使电路板的组装制造过程中需要增加引脚处理特殊工序，降低生产效率，增加制造成本。

3. 保护环

现代电路板组装工艺朝着全贴片化方向发展，因此 PCB 设计中引入了一种更可靠、更持久的保护环（Guard ring）技术。以图4-25所示的示意图为例，需要保护的对象是信号线，PCB 设计时绘制一圈导线围绕着被保护对象，这圈导线称为保护环或屏蔽环。保护环与信号线并不直接相连，但保护环的电压 V_{Guard} 与信号线的电压 V_{Signal} 要保持相同的电位，即 $V_{\text{Guard}} = V_{\text{Signal}}$ 。

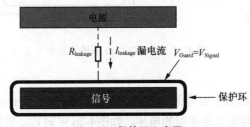

图4-25　保护环示意图

PCB 上电位差的存在，使电路中有漏电流不可避免。但增加了保护环后，漏电流发生在保护环与外部电路之间，信号线上不会产生漏电流。换个角度，实际上是将漏电流从被保护对象转移到了保护环。

保护环实施过程中有几个需要注意的地方：一是保护环的电位要与被保护对象的电位尽可能相等，如果存在很小的电压差，仍然会产生微弱的漏电流；二是保护环的电位要采用低阻抗源驱动，这样保护环的漏电流不会影响到保护环的电位。

实际 PCB 上的信号线会有走线和过孔，保护环并不能保护住所有的漏电流路径，但增加如图4-25所示的这种防护措施之后，仍然能够显著地降低漏电流，因此被广泛采用。如果需要加强防护效果，还可以增加保护层和过孔保护等措施。

4．求和节点

跨阻放大器电路中，运放的反相输入端称为求和节点（Summing node，或 Summing junction），
光电流 I_{ph}、运放反相端偏置电流 I_{B-}、PCB 上漏电流
$I_{leakage}$ 在这里汇聚，也是电路中最重要的节点。

为了减少漏电流对求和节点带来的影响，求和节点
的布线应该尽可能短，而且推荐用保护环把这个节点包
围起来进行防护，如图4-26虚线中的所示。如果运放同
相端接 GND，那保护环就用 GND 来防护。如果同相
端是一个直流偏置电平 V_{+IN}，那就需要一个低阻抗的
缓冲器来驱动保护环。

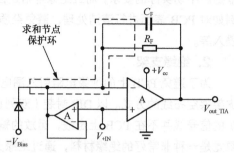

图4-26　跨阻放大器的求和节点保护环

ADI 运放 LTC6268-10 的数据手册中，以 SO-8 封
装为例给出保护环的实现方式，如图 4-27 所示。–IN
是求和节点，+IN 接 GND，借助 NC 引脚（NO CONNECT，NC 表示芯片内部无连接），完成保护
环设计。

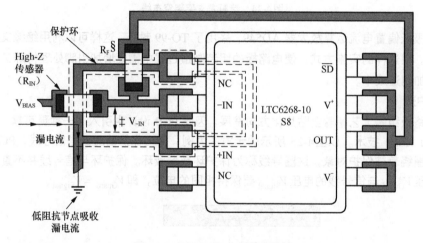

图 4-27　LTC6268-10 保护环设计

5．保护环缓冲器

保护环缓冲器（Guard buffer）也称保护环驱动器（Guard Ring Driver，GRD），是一个单位增益
放大器，生成与运放+IN 同相输入端相同的电平，如图4-26 中对 V_{+IN} 进行跟随的运放。保护环与求
和节点之间的电压差与这个运放的跟随精度有关，因此要选用低输入失调型运放。

在"3.1.2 飞安级偏置电流"节中介绍过 ADI 的飞安级输入偏置电流运放 ADA4530-1，它内部
集成了保护环缓冲器来跟随输入共模电压，在 1.5～3V 共模电压范围内失调电压小于 $250\mu V$（最大
值）。为了避免保护环缓冲器的输出引脚上可能存在大电容产生振荡，所以运放内部增加了 $1k\Omega$ 串联
电阻，因此不能用保护环缓冲器来驱动负载，否则输出电压会因负载过大而降低。

ADA4530-1 虽然采用的是标准 SOIC-8（小外形集成电路）封装，但引脚定义与标准单通道运算放大
器却不相同，其中 Pin1 和 Pin8 是输入端，Pin2 和 Pin7 为 GRD 的输出引脚。GRD 安排在+IN 和–IN 输入
引脚的旁边，让保护环布线更加方便，而且防止输入输出与电源引脚之间的耦合。

ADA4530-1 用于跨阻放大器电路设计时，电路如图4-28（a）所示，虚线框内就是需要保护的求

和节点。PCB 保护环设计如图4-28（b）所示，图中 A 点是电流信号输入端，连接运放的–IN 反相输入端。保护环采用了覆铜形式，包围着求和节点。保护环外侧围绕一圈的过孔称为过孔防护（Via fence），用于保护侧面的漏电流路径。

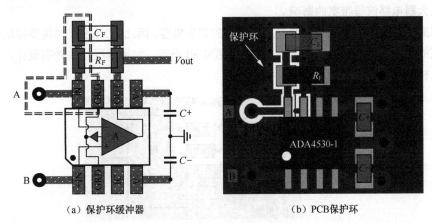

（a）保护环缓冲器　　　　　　　　（b）PCB保护环

图4-28　ADA4530-1 保护环设计

> **小提示**
> 　　如果 ADA4530-1 在电路中用作高阻抗传感器的输入缓冲器，保护环的实施方式与跨阻放大器有所不同，请参考数据手册。

4.5.2　寄生参数

　　PCB 上的导线、过孔和焊盘，除了有寄生电阻，还有寄生电容和寄生电感等。寄生参数对直流或低频信号的影响并不明显，但对于高速信号电路，需要通过优化布局布线来减少寄生参数。

1. 运放反馈引脚

　　标准 8 脚封装的单通道运放，–IN 反相输入端和 OUT 输出端位于封装的两侧。跨阻放大器电路中，通过 R_F 增益电阻连接–IN 和 OUT，因此 PCB 上的走线就需要绕行，必然引入一定的寄生电容。有些高速运算放大器，以 ADA4817-1 为例，把原本无连接的 Pin1 定义为反馈引脚（FEEDBACK 或 FB），FB 在器件内部与 OUT 输出端相连。

　　反馈引脚紧挨运放的反相输入端，这样可以缩短反馈路径的走线，减少输入端寄生电容，有助于提高系统带宽。以 ADA4817-1 跨阻放大器电路为例，增益电阻 R_1 可以放置在引脚 1 和引脚 2 之间，如图4-29（a）所示。PCB 布局布线一样得到了简化，如图4-29（b）所示。

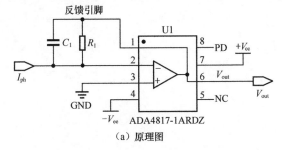
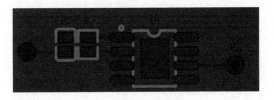

（a）原理图　　　　　　　　（b）PCB 布局布线

图4-29　ADA4817-1 的反馈引脚

2. 寄生电容

PCB 上的寄生杂散电容也是源电容的组成部分，因此高速高带宽应用中，需要尽可能减小 PCB 上的寄生电容。在"5.2.2 跨阻放大器仿真"节中源电容 C_S 与带宽的仿真案例，可以明显看到源电容对跨阻放大器电路信号带宽的影响。

运放引脚的焊盘与附近平面层容易产生更多的寄生电容，因此 PCB 设计时需要将反相输入端引脚周围区域的内层平面挖去铜箔，实施示意图如图4-30 所示。如果顶层也做铺铜设计，要与内层的处理方式一样，将铜箔去除。

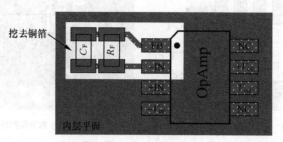

图4-30　挖去铜箔示意

> **小提示**
> PCB 上的寄生效应无法完全避免，对电路的影响是隐藏的，如果处理不当会使电路性能大打折扣。

第 5 章

仿 真

电路仿真与设计是相辅相成的，初步完成设计之后，借助工具软件进行模拟和仿真，可以提前发现错误并优化参数，并不需要等到实际制作电路板时再来调试。

5.1 仿真工具

现代的仿真软件，不但具有友好的图形界面，而且仿真结果越来越接近真实情况。跨阻放大器电路设计工具，以下选择 ADI 的在线设计工具光电二极管设计向导和电路仿真软件 LTspice 为例进行介绍，在线工具简单方便、轻松快捷，仿真软件能够提供更多功能。

5.1.1 在线工具

ADI 提供的光电二极管电路设计向导（Analog Photodiode Wizard）在线设计工具，除了辅助电路设计，还能够提供仿真结果。以下网页截图基于 2021 年 5 月 ADI 网站，后期可能会有界面的改版和优化。

1. 电路辅助设计

光电二极管电路设计向导界面如图 5-1 所示，单击界面左下角 "从器件库中选择光电二极管" 按钮，从内置器件库中选择光电二极管型号，也可以手动输入电容和分流电阻两个参数。峰值电流大小必须输入，后续增益电阻的计算将基于这个数值。

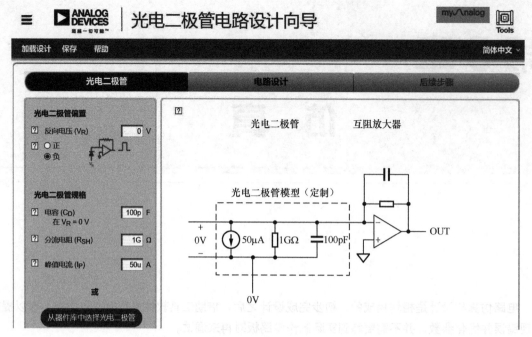

图5-1　ADI 光电二极管电路设计向导——光电二极管

完成光电二极管基本参数输入，单击图 5-1 所示上方的"电路设计"按钮，切换到图 5-2 所示的界面。峰值电压是跨阻放大器输出最大值，设计向导会根据输入的峰值电流来计算增益电阻，比如本例：2V/50μA=40kΩ。目标速度是指被测信号的特征，通过带宽或脉冲宽度来描述。峰值指的是幅频特性曲线中峰化现象的高低，如果太高可能会造成系统的不稳定。设计向导根据参数设定，会自动推荐合适的运放型号，比如本例中的 AD8675，也可以单击"更改"按钮，选择其他运放型号。

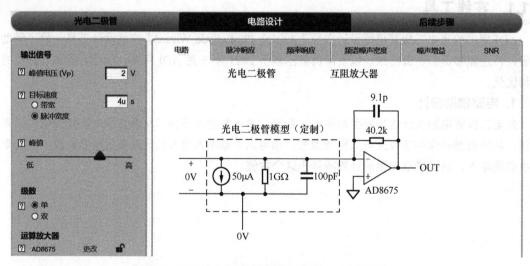

图5-2　ADI 光电二极管电路设计向导——电路设计

2. 仿真结果

在图5-2 中单击"脉冲响应"和"频率响应"按钮，切换页面，仿真结果如图 5-3 所示，继续切换"频谱噪声密度"和"噪声增益"页面，仿真结果如图 5-4 所示。

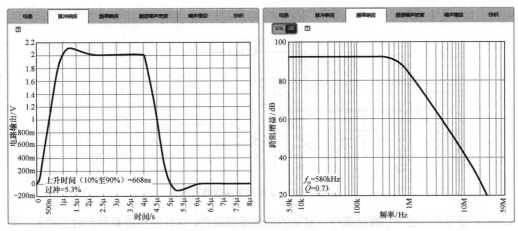

图5-3　ADI 光电二极管电路设计向导——信号传输特性

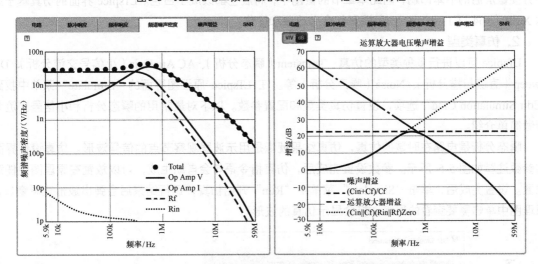

图5-4　ADI 光电二极管电路设计向导——噪声特性

设计和仿真完成之后，可以下载 SCH（电路原理图）、仿真文件、BOM（物料清单）等，也可以通过邮件分享设计或保存到本地。

5.1.2　仿真软件

在线工具简单方便、轻松快捷，但仿真软件能够提供更多功能。LTspice 是 ADI 提供的免费高性能电路仿真软件，是目前市面上功能强大的 SPICE 仿真工具之一，软件没有任何元件或节点数目的限制，工程师可以放心地创建各种复杂电路。

1. LTspice

LTspice 集成了原理图编辑器、波形查看器和其他功能，模型库中包含了 ADI 的运放和电源产品、各种无源器件及独立电源和受控电源等，还支持第三方 SPICE 模型的导入和仿真。LTspice 仿真的速度，与电路复杂程度、仿真总时间、仿真步长等一系列设置相关。

使用 LTspice 仿真前要绘制原理图，并且添加激励源。一般电路仿真时都采用电压激励源，但跨阻放大器电路仿真中，由于光电二极管输出是电流信号，所以通常会采用电流激励源。基本的跨阻放大器的 LTspice 原理图编辑器界面如图5-5 所示，光电二极管采用虚线框中的 R_{sh} 和 C_j 模型代替，光电流用一个电流源 I_{ph} 来模拟。

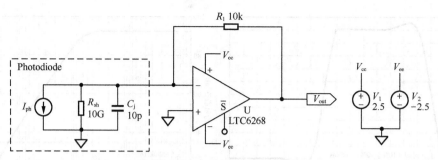

图 5-5　LTspice 原理图编辑器界面

LTspice 原理图界面和仿真结果中，默认的配色是深底色，在计算机屏幕显示时会柔和一些，但不方便截屏后的书本印刷，因此本章节的截图中，将底色都改成了白色。LTspice 界面的仿真基于版本 XVII（x64）（17.0.27.0），后期可能会有改版和优化。

2. 仿真类型

LTspice 可以进行多种类型的仿真：Transient（瞬态分析）、AC Analysis（小信号交流分析）、DC Sweep（直流扫描分析）、Noise（噪声分析）等。在 LTspice 原理图界面的"Simulate"菜单中找到"Edit Simulation Cmd"选项，设置仿真类型和配置参数。以下对最常用的瞬态分析和小信号交流分析做简单介绍。

瞬态分析是电路在时域的仿真，仿真结果就像是用示波器观察节点的信号波形。仿真设置界面和参数注释如图 5-6 所示。参数设置完成后，仿真指令语句会自动生成，可以放置在原理图中任意位置。设置完成后，单击"Simulate"菜单中"Run"开始仿真，运行结束后会弹出波形查看窗口，原理图中单击需要查看的网络，将会显示仿真的波形。

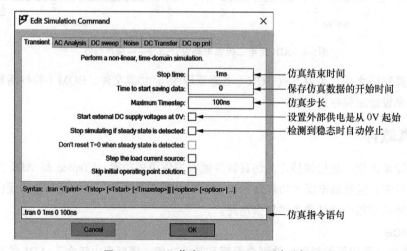

图 5-6　LTspice 仿真——Transient 瞬态分析

小信号交流分析是电路频率响应特性的仿真，显示幅频和相频特性的波特图，仿真设置界面和参数注释如图 5-7 所示。

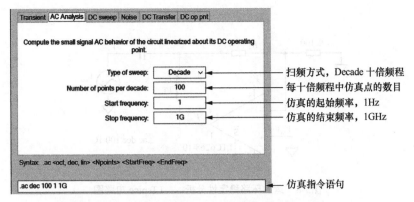

图5-7 LTspice 仿真——AC Analysis 小信号分析

> **小提示**
> 瞬态分析和小信号交流分析，都需要在原理图中添加一个激励源，可以是电压源，也可以是电流源。

3. dot commands

LTspice 中的仿真指令语句，由于以 "." 开始，因此称为 "dot commands"，常用的指令有 ".param"和 ".step" 等。

".param" 指令用于创建自定义变量。当某个参数在仿真过程中需要改变或被其他计算公式引用，就要将这个参数定义成一个变量，LTspice 中是用 "{ }" 括起来表示变量。例如电阻 R_1 阻值输入为{Rf}，添加一条指令语句：".param Rf=1k"，就完成变量 Rf 的赋值。也可以通过公式计算向变量赋值，例如 ".param Cf =2*sqrt(Cs/(2*pi*Rf*fGBW))" 就是根据公式的计算结果向变量 Cf 赋值。

".step" 指令用于顺序改变某些变量的值，进行多次仿真。变量数值变化的步长，可以是对数（Logarithm）、线性（Linear）或列表（List）的形式。例如语句 ".step param Cs 5p 20p 1p"，就是表示 Cs 从 5pF 到 20pF 以 1pF 的步长变化，进行多次仿真。

5.2 仿真实例

以下采用 LTspice 对运放基本电路和跨阻放大器电路的一些案例进行仿真，通过仿真结果验证理论分析，深入理解跨阻放大器电路的特性。

5.2.1 运放电路仿真

在本节中对运放的一些基本应用电路进行仿真，比如环路稳定性中的相位裕量检查，脉冲信号的压摆率失真等。

1. 环路稳定性

运放的环路稳定性非常重要，如果稳定性差就容易发生振荡。以 ADI 运放 LTC6268-10 为例，环路稳定性分析电路如图5-8 所示，与常见运放电路的不同之处在于反馈环路中加入了一个 1TH 的电感 L_1，输出端加入了一个 1TF 的电容 C_1（注：$1T=10^{12}$）。V_{exc} 是交流激励源，从电容 C_1 的右侧注入。电路中加入电感 L_1 和电容 C_1，目的是保证直流闭环稳态工作点情况下，对运放的交流开环特性进行仿真。

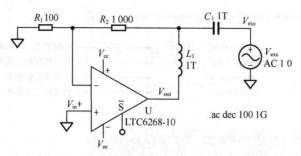

图5-8 运放环路稳定性分析——LTspice 电路图

图5-8 所示的电路对直流信号来说，L_1 短路 C_1 开路，直流环路模型如图 5-9（a）所示，β 为反馈系数，A_{ol} 为运放开环增益。对交流信号来说，L_1 开路 C_1 短路，交流环路模型如图5-9（b）所示。电压激励源 V_{exc} 通过 C_1 耦合进入环路，在运放输出端：$V_{OUT} = -V_{exc}\beta A_{ol}$。如果激励源 V_{exc} 输出的信号设置为：幅值（Amplitude）为 1，相位（Phase）为 0°，于是 $V_{OUT} = -A_{ol}\beta$，通过考察 V_{OUT} 的幅频和相频特性，就得到了运放的开环特性。

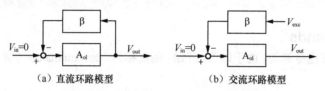

（a）直流环路模型　　　　　　　　　　（b）交流环路模型

图5-9 运放环路稳定性分析——环路模型

对电路进行小信号交流分析（AC Analysis），仿真指令语句为 ".ac dec 100 1 1G"，仿真结果如图5-10 所示。图中实线表示幅频特性曲线，对应的刻度在左侧纵轴；虚线表示相频特性曲线，对应的刻度在右侧纵轴，表示相位裕量。根据幅频曲线在 0dB 过零点时频率，此时相频曲线的值就是相位裕量。图5-10 中的相位裕量在 50°左右，说明这个电路是稳定的。

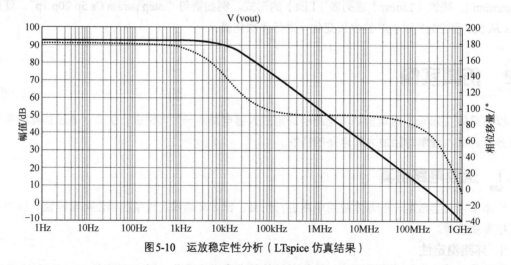

图5-10 运放稳定性分析（LTspice 仿真结果）

图5-8 所示的电路增益为 11 倍，满足非完全补偿型运放 LTC6268-10 最小增益为 10 的要求，所以相位裕量没有问题。读者可以尝试把增益修改为 8 倍后再次仿真，相位裕量只有 30°左右，意味着这样的电路是不稳定的。

2. 压摆率

在脉冲信号（特别是窄脉冲）放大电路中，运放压摆率可能会成为大信号输出时的约束。如图 5-11 所示的 20 倍放大电路，选择电压反馈型运放 AD8099 和电流反馈型运放 AD8000 为例进行瞬态分析，指令语句".tran 0 200n 0 1n"。V_1 是脉冲激励源，参数描述 PULSE（0mV 150mV 0ns 1ns 1ns 50ns 5）的含义为：初始值为 0mV，最大值为 150mV，起始时间为 0ns，上升时间为 1ns，下降时间为 1ns，最大值时间为 10ns，周期为 50ns，总共 5 个周期。

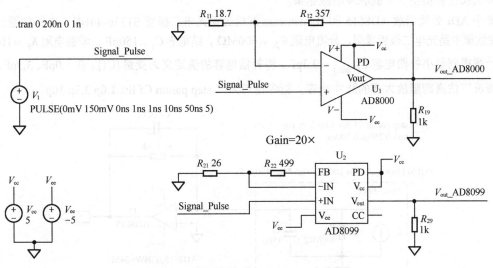

图5-11 运放压摆率对比（LTspice 电路图）

为了便于观察脉冲信号边沿，仿真结果只显示 98～116ns 的一个脉冲，如图5-12 所示。V（signal_pulse）是激励源 V_1 的波形，V（vout_ad8000）和 V（vout_ad8099）是两颗运放的输出波形，放在同一幅图中便于对比。

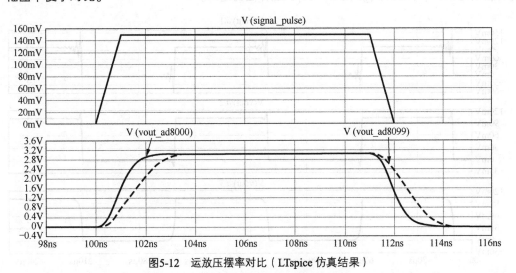

图5-12 运放压摆率对比（LTspice 仿真结果）

激励源脉冲上升沿速率为 150mV/1ns，放大 20 倍后对运放输出压摆率的需求达到 3 000V/μs。AD8099 压摆率只有 1 450V/μs，在增益放大中造成信号的失真。AD8000 压摆率指标超过 3 000V/μs，信号放大后，虽然也有一定的建立时间，但维持着信号的上升沿特征。

5.2.2 跨阻放大器仿真

跨阻放大器电路中的信号和噪声特性，手工计算不但烦琐而且容易出错，借助仿真软件来分析和验证，可以极大地提高效率，本节中将对跨阻放大器电路相关的一些案例进行仿真。

1. 补偿电容与阶跃响应

在"2.3 稳定性补偿"节中有关于补偿电容的选择策略，也可以通过 LTspice 仿真来对比欠补偿、临界补偿和过补偿情况下的脉冲响应结果。

基于 ADI 公司运放 AD8615 和 Hamamatsu 滨松公司光电二极管 S1336-44BK，电路如图5-13 所示。虚线框中是光电二极管模型，分流电阻 $R_{sh}=600\text{M}\Omega$，结电容 $C_j=150\text{pF}$。增益电阻 $R_F=100\text{k}\Omega$，手工计算得到最小补偿电容 $C_{F(min)}=3.3\text{pF}$。将补偿电容的值定义为变量 {Cf}，在 1.0pF、3.3pF、10pF 三种情况下仿真跨阻放大器的脉冲响应，指令语句为 ".step param Cf list 1.0p 3.3p 10p"。

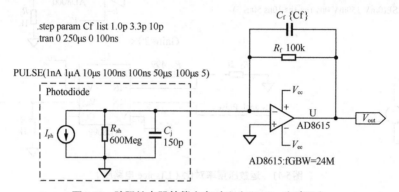

图5-13　跨阻放大器补偿电容对比（LTspice 电路图）

仿真结果如图5-14 所示，V（vout）@1 是 C_f=1.0pF 欠补偿的结果，V（vout）@2 是 C_f=3.3pF 临界补偿的结果，V（vout）@3 是 C_f=10pF 过补偿的结果。

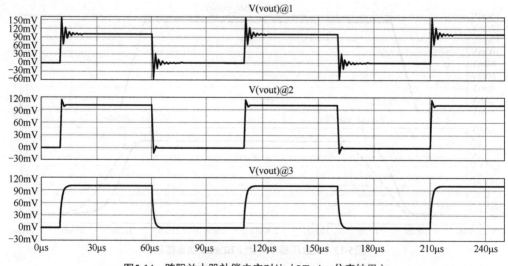

图5-14　跨阻放大器补偿电容对比（LTspice 仿真结果）

默认设置下，LTspice 多次仿真的结果会在同一个图中用不同颜色来显示，但为了方便观察和对比，图5-14 中，将仿真结果分别放在三个图中显示。

2. 信号带宽和噪声带宽

跨阻放大器电路的信号带宽与噪声带宽是不同的，在"2.4.2 信号增益和信号带宽"节和"2.5.1 噪声特性"节中已经有理论分析，利用仿真来对比结果会更加直观。

电路基于 ADI 运放 AD8615 和 Hamamatsu 滨松公司光电二极管 S1336-44BK，增益电阻 $R_F = 1M\Omega$，补偿电容 $C_F = 4.7pF$，电路如图 5-15 所示。图中看到电流源 I_{ph} 和电压源 V_{exc} 两个激励源，这是因为信号增益和噪声增益在仿真时用的激励源是不一样的，每次仿真时只保留其中的一个。

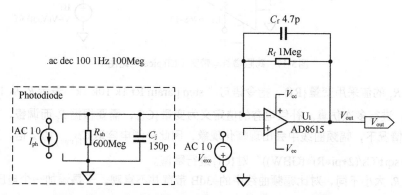

图5-15　跨阻放大器噪声带宽与信号带宽（LTspice 电路图）

信号传输特性仿真时，只保留激励源 I_{ph}，运放 AD8615 的同相输入端接地，仿真结果如图5-16（a）所示。噪声传输特性仿真时，只保留激励源 V_{exc}，仿真结果如图5-16（b）所示。可以看到信号带宽为 33kHz 左右，噪声带宽为 700kHz 左右，这与"2.5.2 噪声计算"节中的手工计算结果相近。

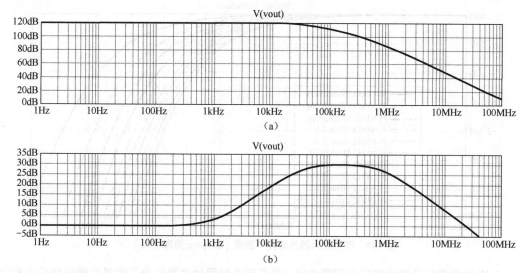

图5-16　跨阻放大器噪声带宽与信号带宽（LTspice 仿真结果）

3. 跨阻增益与带宽

跨阻放大器电路的信号带宽与增益电阻 R_f、源电容 C_s、补偿电容 C_f、运放增益带宽积GBW 等许多参数相关。通过 LTspice 仿真不同增益电阻情况下，可以获得的系统信号带宽。运放选用增益带宽积高达 4G 的 LTC6268-10，假定输入端源电容 $C_s = 10pF$，电路如图 5-17 所示。

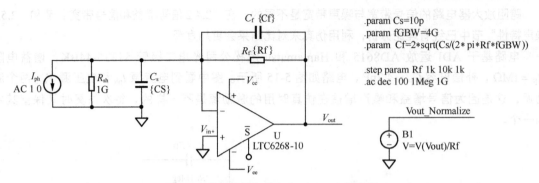

图5-17 跨阻增益与带宽（LTspice 电路图）

增益电阻 R_f 的值采用变量{Rf}，指令语句"`.step param Rf 1k 10k 1k`"表示 R_f 从 1kΩ到10kΩ以1kΩ步长变化，进行多次仿真。补偿电容的值定义为变量{Cf}，需要根据 R_f 而调整，采用最小补偿电容 $C_{f(\min)}$ 的情况下，幅频曲线中会出现峰化现象，因此补偿电容取 $C_{f(\min)}$ 的 2 倍，通过指令语句"`.param Cf=2*sqrt(Cs/(2*pi*Rf*fGBW))`"对{Cf}进行赋值。

增益电阻 R_f 大小不同，对比幅频曲线中的–3dB 带宽并不直观。于是添加一个电压源 B1，数值设为"`V=V（Vout）/Rf`"，目的是将 V_{out} 根据 R_f 进行归一化处理，即使电阻 R_f 取值不同，也能通过 V(vout_normalize)来直观对比–3dB 带宽。

仿真结果如图 5-18 所示，其中多条曲线分别对应不同增益电阻 R_f 条件下的幅频特性，由于关注的是–3dB信号带宽，仿真结果进行了显示缩放，图中看到，R_f =10kΩ的情况下信号带宽只有51MHz左右，R_f =1kΩ的情况下信号带宽可以达到 180MHz 左右。

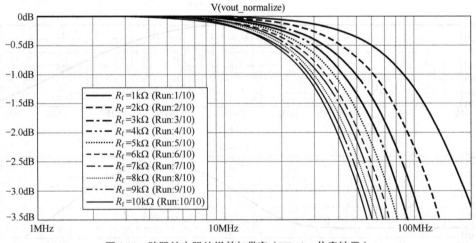

图5-18 跨阻放大器的增益与带宽（LTspice 仿真结果）

图5-18 中仿真结果并没有显示相频曲线，这是因为跨阻放大器的稳定性是由噪声增益的相位裕量决定，在信号增益分析时可以不关心。

4. 源电容与带宽

跨阻放大器电路设计中，多数工程师都能注意到增益电阻 R_f 和补偿电容 C_f 对信号带宽的影响，但是源电容 C_s 对系统带宽的影响可能会被忽略。运放选用LTC6268-10，通过LTspice仿真在源电容不同的情况下获得系统信号带宽。增益电阻 R_f =1kΩ，电路如图 5-19 所示。

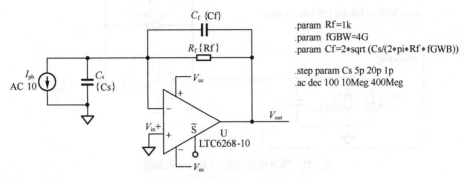

.param Rf=1k
.param fGBW=4G
.param Cf=2*sqrt (Cs/(2*pi*Rf*fGWB))

.step param Cs 5p 20p 1p
.ac dec 100 10Meg 400Meg

图 5-19   源电容与带宽（LTspice 电路图）

源电容 C_s 的值指定为变量{Cs}，仿真指令语句 ".step param Cs 5p 20p 1p" 表示源电容 C_s 从 5pF 到 20pF 以 1pF 的步长变化，进行多次仿真。补偿电容 C_f 会根据 C_s 变化而调整，为了避免幅频曲线峰化现象，补偿电容取 $C_{f(min)}$ 的 2 倍，通过语句 ".param Cf =2*sqrt(Cs/(2*pi*Rf*fGBW))" 对{Cf}赋值。

仿真结果如图 5-20 所示，多条曲线分别对应不同源电容 C_s 条件下的幅频特性，由于关注的是 –3dB 信号带宽，仿真结果进行了显示缩放。图5-20 中看到，如果源电容 C_s =5pF，信号带宽在 320MHz 左右，如果 C_s =20pF，信号带宽只有 120MHz 左右。

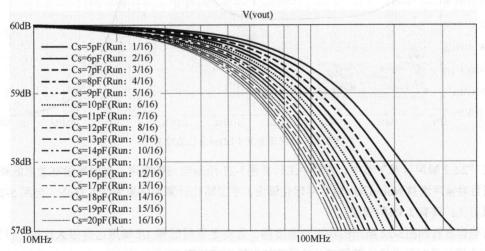

图5-20   跨阻放大器的源电容与带宽（LTspice 仿真结果）

输入端源电容 C_s 会影响跨阻放大器电路的信号带宽，因此在高速高带宽跨阻放大器设计时，追求光电二极管结电容 C_j 和运放差模输入电容 C_{DM} 和共模输入电容 C_{CM} 都尽可能小。

5. 噪声仿真

跨阻放大器电路的噪声增益在低频时接近 0dB，但运放具有 1/f 噪声，因此跨阻放大器电路的噪声谱密度图中，低频段区域会呈现 1/f 噪声。采用 LTspice 来对电路的噪声特性仿真，电路如图 5-21 所示，仿真指令语句为 ".noise V(Vout) Iph dec 100 1Hz 100Meg"。

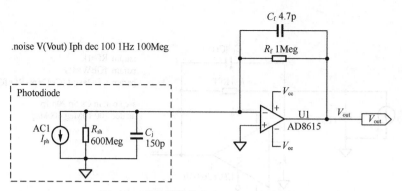

图 5-21　噪声特性仿真（LTspice 电路图）

仿真结果如图5-22 所示，噪声谱密度图中明显出现了 1/f 噪声成分。LTspice 提供了计算频带内总噪声功能，按住 Ctrl 键后左键单击窗口顶部的 V(onoise)标签，新弹出的小窗口中会显示整个频段内总噪声的 RMS 值。图 5-22 中看到，总噪声为 249.82μV。

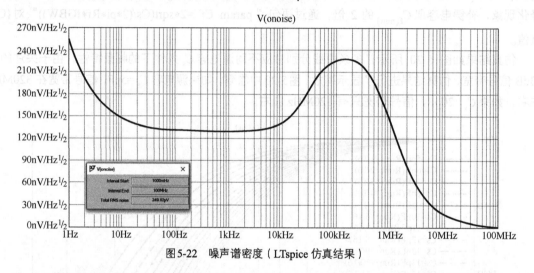

图 5-22　噪声谱密度（LTspice 仿真结果）

在 "2.5.2 噪声计算" 节中，曾经手工计算图5-21 所示电路的噪声，当时既没有考虑低频 1/f 噪声，而且对噪声增益 NoiseGain 做了平坦化假设，手工简化计算的结果为 255.73μV，与图 5-22 的仿真结果对比，只有 2.3%的误差。

有些读者看到图5-22 所示的噪声谱密度图，直观上觉得低频 1/f 噪声占有很大比例，但实际上图5-22 中横轴是对数坐标，低频部分只是看起来特别明显而已。

> **小提示**
>
> 　　LTspice 仿真中并没有考虑 PCB 上的寄生参数，如果需要分析非理想因素给电路带来的影响，应该根据寄生参数模型，在 LTspice 原理图中加入对应的元器件。

第6章

其 他

光电检测系统中，除了光电二极管和跨阻放大器电路，还可能涉及激光激励、锁相放大、数据采集、温度控制等，在本章节中做简要介绍。

6.1 激光激励

如果被测对象不是光学量，可以采用一种常见的光电检测方式，控制光源发出激励信号照射到被测对象，在反射、透射或折射后的光信号中就携带了被测对象信息，然后进行光电转换和数据采集。激励用光源一般是激光，因此常称为激光激励。

激光（Laser）是原子受激辐射发出的光，包括可见激光和不可见激光。激光光源的运行模式，分为连续波（Continuous wave）模式和脉冲模式（Pulse mode）。激光安全的相关标准中，持续时间大于等于 0.25 s 的激光为连续波。

6.1.1 脉冲激励

脉冲激励顾名思义就是采用脉冲激光（Pulsed laser）作为激励信号，这也是光电检测中常用的激励方式。提供单个或一连串激光脉冲能量的装置，称为脉冲激光器。

脉冲激励方式具有很多优点：避免激光器长时间连续工作，可以减少功耗；通过调制激励脉冲信号，可以抑制系统中的直流偏置和环境光干扰；在平均功率不变的情况下，每个激励脉冲采用更高的峰值功率，可以提高接收信号的强度。

1. 描述参数

周期性的脉冲激励也称脉冲序列，如图 6-1 所示，横轴为时间，纵轴为输出功率，其中重复频率和脉冲宽度是描述脉冲序列最重要的两个参数。

重复频率（Repetition rate）指单位时间内输出脉冲的数量，也可以理解为一秒内脉冲出现的个数，单位是赫兹（Hz），用符号 f_{Pulse} 来表示。周期是频率的倒数，用 $1/f_{\text{Pulse}}$ 来表示，如图 6-1 中所示的两个脉冲尖峰之间的间隔。

脉冲宽度（Pulse width）简称脉宽，指单个脉冲的持续时间，常用单位有微秒（μs）、纳秒（ns）等。由于实际脉冲并不是理想的矩形，通常以峰值功率的一半作为考察点，时间的跨度定义为脉宽，如图6-1 中 t_{Pulse}，也称脉冲的半高宽（Full width half maximum，FWHM）、半峰宽等。

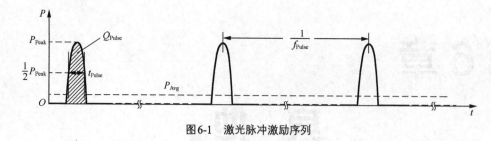

图6-1　激光脉冲激励序列

有时会用到占空比（Duty cycle）参数，占空比指脉冲持续时间 t_{Pulse} 在每个周期 $1/f_{\text{Pulse}}$ 内的占比，一般用符号 D_{c}（%）表示。

2. 平均功率

连续激光在单位时间内发送的辐射能量，称为辐射功率或辐射通量。但对脉冲激光来说，能量不是连续的，于是考察每个脉冲的能量、峰值功率及脉冲序列的平均功率。

脉冲能量（Pulse energy）是指单个激光脉冲包含的辐射能量，用符号 Q_{Pulse} 来表示，单位是焦耳（J）。脉冲能量值在图形上表示就是每个脉冲下包围的面积，如图6-1中 Q_{Pulse} 所指的阴影部分。

峰值功率（Peak power）是指单个脉冲达到的最高功率，用符号 P_{Peak} 来表示，单位是瓦特（W），为图6-1中脉冲最高点对应的功率大小。峰值功率可以用单个脉冲能量和脉冲宽度来计算：

$$P_{\text{Peak}} = \frac{单个脉冲能量（J）}{脉冲宽度（s）} = \frac{Q_{\text{Pulse}}}{t_{\text{Pulse}}}（\text{W}）\qquad（公式6.1）$$

平均功率（Average power）是指单位时间内激光序列的功率平均值，用符号 P_{Avg} 来表示，单位是瓦特（W），如图6-1中的长虚线。平均功率可以用单个脉冲能量和脉冲重复频率来计算：

$$P_{\text{Avg}} = \frac{单个脉冲能量（J）\times 脉冲重复频率（Hz）}{1（s）} = Q_{\text{Pulse}} \times f_{\text{Pulse}}（\text{W}）\qquad（公式6.2）$$

平均功率也可以用峰值功率 P_{Peak} 和占空比 D_{c}（%）来计算：

$$P_{\text{Avg}} = P_{\text{Peak}} \times D_{\text{c}}（\text{W}）\qquad（公式6.3）$$

平均功率 P_{Avg} 是峰值功率 P_{Peak} 与占空比 D_{c} 的乘积，在平均功率和重复频率不变的条件下，减小脉冲的宽度，可以采用更大的峰值功率。

6.1.2　人眼安全

激光具有能量集中、方向性好的特点，如果照射到人眼，功率达到一定程度后会对人眼造成永久伤害。因此每个激光源都是潜在的危险装置，为了保障人眼安全，需要对激光源制定相关的规范标准。

1. 人眼损伤

眼睛是感知光线的器官，也是人体最脆弱的部位。人眼由角膜、瞳孔、晶状体、玻璃体、视网膜等几部分构成，激光对眼睛的伤害主要由热效应造成，不同波长的激光损伤眼睛的部位有所不同。

波长低于400nm的紫外激光（UV laser），会被角膜和晶状体吸收而对其造成损伤，能量通常无法到达视网膜；波长在400～1 400nm的激光，会穿过眼睛的玻璃体，聚焦在视网膜上，造成感光细胞蛋白质的凝固变性，导致视力永久损伤；波长高于1 400nm的中、远红外激光（Mid/Far-infrared laser），主要损伤的是角膜和晶状体。

波长为380～780nm的激光在可见光范围内，人眼一旦遇到刺眼的强光，会触发快速闭眼和转移视线的本能反应，可以帮助保护眼睛。但是 780～1 400nm 的近红外激光（Near-infrared laser），超出了可见光范围，即使照射到人眼也不会触发闭眼的本能反应。如果辐射强度高且时间长，在人眼还没有反应的情况下，可能已经造成视网膜的永久损伤，因此超出可见光波长的近红外激光特别危险。

2. 最大允许照射量

为了保障人眼安全，需要对激光发送功率建立安全标准。国际电工委员会（IEC）在 2014 年 5 月发布了激光安全等级标准 IEC60825-1:2014 激光产品的安全.第 1 部分:设备分类和要求。根据人体受到激光照射而不会产生伤害的辐射水平，定义了最大允许照射量（Maximum permissible exposure，MPE）。眼睛和皮肤有不同的激光曝光能量耐受能力，在标准中 MPE 指标是分开定义的。

眼睛的最大允许照射量与激光波长、脉冲辐射宽度、重复频率、光束发散度、光斑面积等参数相关。连续波激光采用辐射照度（Irradiance）来定义，即单位面积上接收到的辐射通量，单位为瓦特每平方米（W/m^2）。脉冲模式的激光采用辐射曝光量（Radiant exposure）来考察，即单位面积上接收到的能量，单位为焦耳每平方米（J/m^2）。

> **小提示**
>
> 在保证人眼安全 MPE 的前提下，激光脉冲的宽度越窄，就可以采用越大的峰值功率。但脉宽越窄，对系统带宽的要求也就越高。

6.2　锁相放大

锁相放大也称锁定放大，是利用相关检测（Correlation detection）原理，把周期信号（与参考信号同频率）从强噪声背景中检测出来。基于锁相放大技术的电路称为锁相放大器（Lock-in amplifier，LIA），由于在微弱信号检测方面的独特优势，自问世以来在多个领域得到了广泛应用。

6.2.1　简介

在信号调理电路的设计中，一般会选择低噪声运放，但如果信号在放大之前就已经淹没在噪声之中，选择噪声指标再低的前置放大器也无法实现准确测量，这就需要一些微弱信号检测技术。

1. 窄带滤波

噪声在时间和幅值上都是随机变化的，噪声功率谱密度在很宽范围内都是平坦的。如果知道被测信号的频率范围，为了降低噪声影响，传统的解决方案是采用带通滤波（Band-pass filter，BPF）。含有噪声的信号经过带通滤波器之后，目标频率以外的噪声会被过滤掉，使原始信号得以恢复，如图6-2 所示，这种方式也称为窄带滤波。显然带通滤波器的通带宽度越窄，对信噪比的提升就越有效。

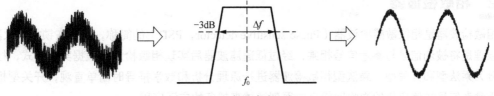

图6-2　窄带滤波示意图

衡量带通滤波器的常用指标是品质因素 Q，定义为中心频率 f_0 与通带宽度 Δf 的比值，用数学公式来表达：$Q = f_0 / \Delta f$。带通滤波器的 Q 值越高，说明通带宽度越窄，滤除噪声的效果越好。

采用模拟元器件实现的带通滤波器，器件参数的偏差及温度变化的影响，都会导致带通滤波器的中心频率发生改变。如果通带宽度很窄，一旦中心频率与被测信号的频率有所偏离，反而会造成被测信号幅值的衰减，引入测量误差，因此模拟带通滤波器的通带宽度通常无法很窄。

由于带通滤波器的 Q 值不可能无限增大，单纯采用窄带滤波的方式往往难以继续提高信噪比。而且滤波器设计完成之后，中心频率也就固定了，被测信号的频率一旦发生改变，滤波器也需要重新设计。

2. 锁相放大器

如果被测对象是周期信号，具有固定的频率和相位，锁相放大器就是基于相关检测技术（Correlation detection），利用参考信号将被测信号中的周期信号检测出来，抑制不具有任何规律的背景噪声。锁相放大器的基本结构如图6-3所示，由被测信号通道、参考信号通道、相敏检波器和低通滤波器几部分组成。

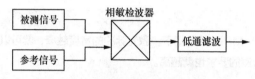

图6-3 锁相放大器的基本结构

被测信号通道中包括低噪声放大器、带外噪声滤波器等，参考通道中可能包括移相调节电路等，本节中并不涉及。相敏检波器是锁相放大器中最重要的部件，工作原理是将输入被测信号与参考信号相乘，经过低通滤波器后输出，将在"6.2.2 相敏检波器"节中介绍。

锁相放大器能够把淹没于噪声中的微弱交流周期信号检测出来，但相敏检波器输出对应的是被测信号幅值大小，并不是将被测微弱信号进行不失真的放大。严格来说锁相放大器并不是一个普通意义上的信号放大器，称其为同频信号的幅值检测电路或许更为确切。

早期的锁相放大器采用模拟电路实现，也称模拟锁相放大器。有源模拟器件本身也是噪声源，而且存在温度漂移，这些都限制了模拟锁相放大器性能的提升。随着数字技术的发展，出现了模拟与数字混合的锁相放大器，后来又出现了全数字信号处理模块替代传统的模拟器件，称为全数字锁相放大器。

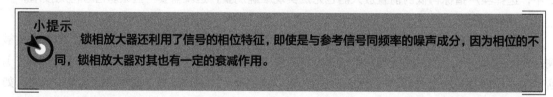

小提示　锁相放大器还利用了信号的相位特征，即使是与参考信号同频率的噪声成分，因为相位的不同，锁相放大器对其也有一定的衰减作用。

6.2.2　相敏检波器

相敏检波器是相位敏感检波器（Phase-sensitive detector，PSD）的简称，应用在锁相放大器中，工作原理是将被测信号与参考信号相乘，经过低通滤波器后实现相敏检波。根据实现方式，相敏检波器分为乘法型和开关型。乘法型相敏检波器进行原理分析和数学推导时简单直观，开关型相敏检波器受参考信号幅值变化的影响比较小，得到了越来越多的广泛应用。

1. 乘法型相敏检波器

乘法型相敏检波器的功能结构图如图 6-4（a）所示，乘法器完成被测信号 $V_{\text{sig}}(t)$ 与参考信号 $V_{\text{ref}}(t)$ 相乘，经过后续的低通滤波器，实现相敏检波功能，这个乘法器的输出改变了两路输入信号的频率，有些文献中也称之为混频器（Mixer）。

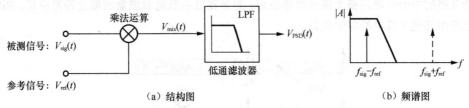

（a）结构图　　　　　　　　　　　　　　（b）频谱图

图 6-4　乘法型相敏检波器

假定被测信号的幅值为 V_{sig}、频率为 f_{sig}、初始相位为 θ_{sig}，表达式：

$$V_{\text{sig}}(t) = V_{\text{sig}} \sin\left(2\pi f_{\text{sig}} \cdot t + \theta_{\text{sig}}\right) \tag{公式 6.4}$$

假定参考信号的幅值为 V_{ref}、频率为 f_{ref}、初始相位为 θ_{ref}，表达式：

$$V_{\text{ref}}(t) = V_{\text{ref}} \sin\left(2\pi f_{\text{ref}} \cdot t + \theta_{\text{ref}}\right) \tag{公式 6.5}$$

将被测信号和参考信号相乘，并利用三角函数的积化和差公式变换：

$$
\begin{aligned}
V_{\text{mix}}(t) &= V_{\text{sig}}(t) \times V_{\text{ref}}(t) = V_{\text{sig}} \sin\left(2\pi f_{\text{sig}} \cdot t + \theta_{\text{sig}}\right) \times V_{\text{ref}} \sin\left(2\pi f_{\text{ref}} \cdot t + \theta_{\text{ref}}\right) \\
&= \frac{1}{2} V_{\text{sig}} V_{\text{ref}} \cdot \cos\left[\left(2\pi f_{\text{sig}} - 2\pi f_{\text{ref}}\right)t + \theta_{\text{sig}} - \theta_{\text{ref}}\right] \\
&\quad - \frac{1}{2} V_{\text{sig}} V_{\text{ref}} \cdot \cos\left[\left(2\pi f_{\text{sig}} + 2\pi f_{\text{ref}}\right)t + \theta_{\text{sig}} + \theta_{\text{ref}}\right]
\end{aligned}
\tag{公式 6.6}
$$

从 $V_{\text{mix}}(t)$ 的结果可见，频率为 f_{sig} 和 f_{ref} 的两个正弦波相乘之后，变成 $\left(f_{\text{sig}} - f_{\text{ref}}\right)$ 和 $\left(f_{\text{sig}} + f_{\text{ref}}\right)$ 两个频率分量的信号，其中 $\left(f_{\text{sig}} - f_{\text{ref}}\right)$ 称为差频（Difference frequency），$\left(f_{\text{sig}} + f_{\text{ref}}\right)$ 称为和频（Sum frequency）。乘法器输出之后经过低通滤波器，高频分量 $\left(f_{\text{sig}} + f_{\text{ref}}\right)$ 将会被过滤掉，只剩下 $\left(f_{\text{sig}} - f_{\text{ref}}\right)$ 的部分，频谱示意图如图 6-4（b）所示。

锁相放大应用中，参考信号的频率与被测信号相同，即 $f_{\text{sig}} = f_{\text{ref}}$，混频器乘法运算后，和频变为（$2f_{\text{sig}}$），差频变成 DC（直流），经过低通滤波器之后就只剩下了其中的直流成分。定义相对相位差 $\Delta\theta = \theta_{\text{sig}} - \theta_{\text{ref}}$，$V_{\text{PSD}}(t)$ 的表达式：

$$V_{\text{PSD}}(t)\big|_{f_{\text{sig}} = f_{\text{ref}}} = \frac{1}{2} V_{\text{sig}} V_{\text{ref}} \cdot \cos\left(\theta_{\text{sig}} - \theta_{\text{ref}}\right) = \frac{1}{2} V_{\text{sig}} V_{\text{ref}} \cdot \cos\left(\Delta\theta\right) \tag{公式 6.7}$$

根据相敏检波器输出 $V_{\text{PSD}}(t)$ 的表达式，在相位差 $\Delta\theta$ 恒定的情况下，维持参考信号幅值 V_{ref} 不变，就可以通过 $V_{\text{PSD}}(t)$ 得到被测信号幅值 V_{sig} 的大小。由于 $\cos(\Delta\theta) \leqslant 1$，因此在 $\Delta\theta = 0$ 条件下的检测灵敏度最大，此时 $V_{\text{PSD}}(t)$ 的值为：

$$V_{\text{PSD}}(t)\big|_{f_{\text{sig}} = f_{\text{ref}}, \Delta\theta = 0} = \frac{1}{2} V_{\text{sig}} V_{\text{ref}} \tag{公式 6.8}$$

被测信号通道中的调理电路会引入相位延迟，模拟锁相放大器中为了满足 $\Delta\theta = 0$，就要在参考信号通道中增加相位调节电路。由于模拟器件有公差范围，并且还会随温度变化，所以实现准确的相位调节并非易事。只要相位差 $\Delta\theta \neq 0$，都将导致 $V_{\mathrm{PSD}}(t)$ 的输出小于 $\Delta\theta = 0$ 情况下的输出，而且无法补偿。

2. 低通滤波器

相敏检测器中乘法器和低通滤波器的组合，在锁相放大应用中实现的是带通滤波效果。这个等效带通滤波器的中心频率由参考信号频率决定，通带宽度由低通滤波器的截止带宽决定，图6-5 所示的频谱示意图描述了其中的等效关系。

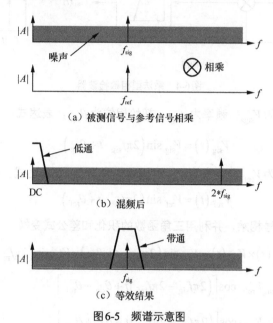

（a）被测信号与参考信号相乘

（b）混频后

（c）等效结果

图6-5　频谱示意图

假定被测信号的频率 $f_{\mathrm{sig}} = 100\mathrm{kHz}$，低通滤波器的截止频率为 $50\mathrm{Hz}$，那么等效带通滤波器的 Q 值为：$Q = 100\mathrm{kHz}/(2\times50)\mathrm{Hz} = 1\,000$。采用模拟器件是无法实现这样高 Q 值的带通滤波器，因此锁相放大器比窄带滤波具有更强的信号检测能力。

从图 6-5（c）中看出，锁相放大器对噪声的抑制能力由低通滤波器截止带宽来决定。理论上低通滤波器的带宽越窄，信号的选择性就越高，信噪比的提升就越明显。但是带宽过窄，锁相放大器对信号变化的响应速度也会大大降低。实际应用中需要了解被测信号的特性，合理选择低通滤波器的截止频率，避免过滤掉有用信号。

> **小提示**　　虽然低通滤波器的元器件偏差也会影响截止频率，但只要能够让直流信号通过，对相敏检波结果的影响就不会很大。

3. 开关型相敏检波器

乘法型相敏检波器中两路信号的相乘是一种线性运算，参考信号中的任何噪声都会与被测信号相乘后输出，影响相敏检波的结果。为了避免这个问题，出现了开关型相敏检波器，结构如图6-6 所示。开关型相敏检波器也称为调制器（Modulator）、极性切换器（Polarity-switcher）或符号切换器（Sign-switcher）等。

被测信号通过"×(+1)"和"×(−1)"两个通道，也可以理解信号被转换为原始信号和反相信号，参考信号经过整形之后变成方波信号。方波信号电平为高时选择"×(+1)"通道，电平为低时选择"×(−1)"通道，或者说根据参考方波信号的高低电平来切换被测信号的正负极性。开关型相敏检波器看起来是非线性的，但在数学上仍然可以认为被测信号与一个幅值为±1的方波相乘。

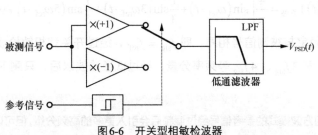

图6-6　开关型相敏检波器

开关型相敏检波器的输出，与被测信号与参考方波信号之间的相位差是相关的，以相位差 Δθ 在0°、90°、180°情况为例，调制器的输出波形和低通滤波器滤波后的结果如图6-7所示。

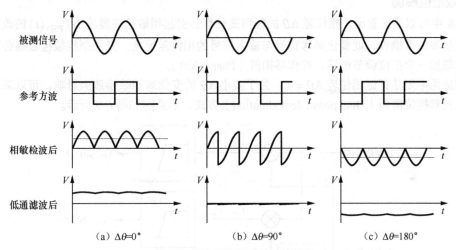

（a）Δθ=0°　　　　　　（b）Δθ=90°　　　　　　（c）Δθ=180°

图6-7　开关型相敏检波器波形

被测信号与参考方波信号的相位差 Δθ 在0°至360°范围内变化，乘法型相敏检波器和开关型相敏检波器的输出特性如图6-8所示。显然相对相位差在0°或者180°的时候检测灵敏度最高，而在90°或270°的时候，根本无法完成有效的检测。

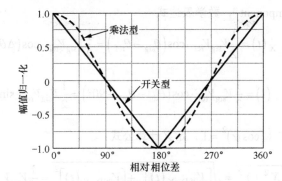

图6-8　相敏检波器的输出特性

乘法型相敏检波器的数学分析中，被测信号和参考信号都是用正弦波来描述，但在开关型相敏检波器中，参考信号变成了方波。假定参考方波信号的占空比为50%，频率为f_{ref}，角频率为ω_{ref}，如果采用傅里叶级数描述方波信号，可以看作它由基波和3、5等奇次谐波（Odd harmonics）分量构成：

$$\omega_{ref}(t)\big|_{方波} = \frac{4}{\pi}\left[\sin(\omega_{ref}\cdot t) + \frac{1}{3}\sin(3\omega_{ref}\cdot t) + \frac{1}{5}\sin(5\omega_{ref}\cdot t) + \cdots\right] \qquad （公式6.9）$$

如果参考信号的频率与被测信号相同，即$f_{sig} = f_{ref}$，经过开关型相敏检波器混频后，信号成分就变成了DC（直流）和$2f_{sig}$、$4f_{sig}$等频率分量，经过低通滤波以后，只剩下其中的DC成分。

> **小提示**
> 　虽然采用方波模式的参考信号经过混频后会引入更多的高频分量，但可以减少参考信号中噪声对相敏检波结果带来的影响。

4. 双相位解调

图6-8中可以明显看出，相位差$\Delta\theta$的任何变化都会引起相敏检波器输出$V_{PSD}(t)$的改变。为了保证相敏检波的准确性，就要让参考信号与输入信号的相位差恒定。开关型相敏检波器会在参考信号通道中增加一个相位调节电路，称作移相器（Phase shift）。

有些应用中无法保证相位差$\Delta\theta = 0$，为了减小$\Delta\theta$的变化对相敏检波的影响，可以采用两个相敏检波器的双相位解调（Dual phase demodulation）方式，示意图如图6-9所示。

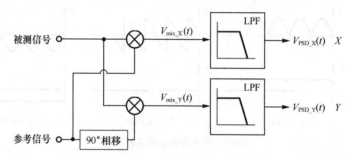

图6-9　双相位解调方式

双相位解调中两个相敏检波器的结构完全相同，参考信号的频率也是相同的，只是其中一路参考信号增加了90°相移。相敏检波的结果V_{PSD_X}称为同相分量（In-phase component），V_{PSD_Y}称为正交分量（Quadrature component），数学表达式：

$$X = V_{PSD\_X}(t) = \frac{1}{2}V_{sig}V_{ref}\cdot\cos(\theta_{sig} - \theta_{ref}) = \frac{1}{2}V_{sig}V_{ref}\cdot\cos(\Delta\theta)$$

$$Y = V_{PSD\_Y}(t) = \frac{1}{2}V_{sig}V_{ref}\cdot\cos(\theta_{sig} - \theta_{ref} + 90°) = \frac{1}{2}V_{sig}V_{ref}\cdot\sin(\Delta\theta)$$

（公式6.10）

三角函数中有$(\sin\alpha)^2 + (\cos\alpha)^2 = 1$，定义计算公式：

$$R = \sqrt{X^2 + Y^2} = \sqrt{\left[V_{PSD\_X}(t)\right]^2 + \left[V_{PSD\_Y}(t)\right]^2} = \frac{1}{2}V_{sig}V_{ref} \qquad （公式6.11）$$

结合公式 6.11，可以看出采用双相位解调方式的最大的优点是计算结果 R 与相位差 $\Delta\theta$ 不再相关，通过 R 来计算 V_{sig}，可以避免相位变化对相敏检波的影响。甚至还可以根据 X、Y 和 R 计算相位差 $\Delta\theta$ 的大小：

$$\Delta\theta = \cos^{-1}\left(\frac{X}{R}\right) 或 \Delta\theta = \sin^{-1}\left(\frac{Y}{R}\right)$$（公式 6.12）

由于反余弦和反正弦函数仅在两个象限内定义，所以 $\Delta\theta$ 在 $0\sim360°$ 内的结果还要结合 X 和 Y 的符号才能确定。相位差没有采用反正切函数计算的原因是相位差接近 $\pm90°$ 时，噪声对 $\Delta\theta$ 的计算结果影响会非常大。

6.2.3　同步解调

调制（Modulation）是通过携带信息的信号改变载波（Carrier）的某个参数特征，形成调制波进行传输的过程，常见的调制方式有调幅（AM）、调频（FM）、调相（PM）等。解调（Demodulation）是调制的逆过程，将调制波中携带的有效信息提取出来。

同步解调（Synchronous demodulation）是结合了调制解调和锁相放大的一种信号测量技术，解调时锁相放大器的参考信号与调制载波是同频率的。

1. 1/f 噪声和调制

如果被测信号的频率很低或为直流，则系统中存在 1/f 噪声，频率越接近零，低频噪声就越大，可能导致被测信号完全淹没在噪声之中。这种情况下即使通过低通滤波的方式也难以提高系统信噪比，对低频小信号的高精度测量带来了挑战。

如果传感器输出的是低频小信号，那可以采用交流源来激励，让传感器的输出也变成交流信号，这就是对被测信号进行调制。调制在时域上表现为两者相乘，在频域上则表现为频谱的搬移。通过对传感器的调制，就把低频的被测信号调制到了高频段。

采用调制频率 f_{mod} 将低频信号搬移到高频之后，由于高频段的白噪声一般都远低于低频段的 1/f 噪声，如果采用带通滤波器滤除目标频率以外的噪声，再进行解调和检测，就能够有效避开 1/f 噪声，显著地提高系统信噪比，提高检测的准确度。调制和解调如图 6-10 所示。

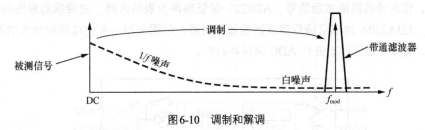

图 6-10　调制和解调

2. 同步解调

高 Q 值的窄带模拟带通滤波器难以实现，于是可以通过锁相放大技术，将调制的信号恢复至直流后再进行测量，这就是同步解调。

同步解调测量系统如图 6-11 所示，f_{mod} 为调制频率，激励信号对被测量进行调制，低频被测信号就被搬移到调制频率 f_{mod} 处。检测器输出的信号经过放大和调制，通过锁相放大器提取出与频率 f_{mod} 相同的信号，滤除其他的干扰噪声。采用同步解调技术可以在有噪声的情况下测量传感器输出的微弱信号，提高系统的检测灵敏度。

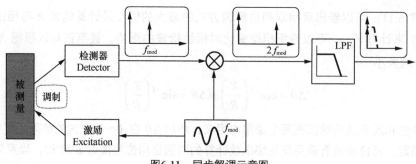

图6-11 同步解调示意图

光电检测应用中，系统噪声不仅存在于电信号，还可能受到背景光或其他形式干扰光的影响。为了提高抗干扰能力，可以采用同步解调技术，选择合适的激励频率对被测对象进行调制，解调时只关注与激励频率相同的成分，这就有效地抑制了背景光等干扰对被测对象的影响。

调制激励未必是正弦波，很多情况下会是方波，因为生成方波要比正弦波简单得多。如果光源是 LED 发光管，则可以通过打开、关闭的方式来生成方波激励，对于不易控制开关的光源，可以使用机械式斩波盘等装置实现调制。

> **小提示**
> 调制频率附近的噪声，经过同步解调后也会被搬移到接近直流的频率上。因此在该频率附近应当具有较低的系统噪底，这是保证测量精度的一个关注点。

3. ADA2200

ADA2200 是 ADI 推出的一款同步解调器，集成了输入缓冲器、FIR 抽取滤波器（抗混叠低通滤波）、可编程 IIR 滤波器、混频器及差分输出驱动器，内部结构如图6-12（a）所示。ADA2200 基于 ADI 专有的采样模拟技术（Sampled analog technology，SAT），输入信号经过模拟采样，内部运算是采用电容间电荷共享的方式，仅在模拟域中进行处理且不进行幅值量化。

图6-12（b）中是 ADA2200 实现的锁相放大器应用，默认配置下信号在内部经过 1/8 分频后由 RCLK 输出，作为传感器的激励信号。AD8227 是低噪声仪表放大器，对传感器输出的微弱信号进行增益放大。ADA2200 内部可编程滤波器设置为带通，与混频器一起完成锁相放大功能。SYNCO 为输出脉冲，确保在最佳时刻进行 ADC 采样和转换。

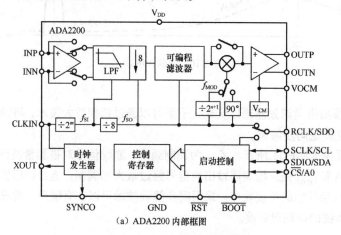

（a）ADA2200 内部框图

图 6-12 ADA2200 同步解调器

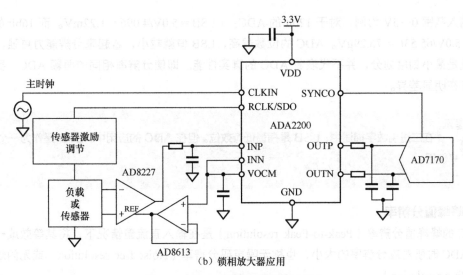

（b）锁相放大器应用

图 6-12　ADA2200 同步解调器（续）

ADA2200 内部混频器的参考信号可以增加 90°相移，通过寄存器中 PHASE90 来设置。利用参考信号的 0°/90°相位选择，能够实现双相位解调。两片 ADA2200 的配置下，可以分别设定不同的相位同时进行解调。

6.3　模数转换器

模数转换器是模拟数字转换器（Analog to Digital Converter，ADC）的简称，也称 A/D 转换器，它将时间和幅值都连续的模拟信号，转换成离散的数字量。常见的 ADC 架构有 Pipeline（流水线）型、SAR（逐次逼近寄存器）型、Sigma-Delta（Σ-Δ）型等。

跨阻放大器的输出是模拟信号，为了后续的分析和处理，还需要 ADC 将模拟信号转换成数字量。ADC 电路设计的好坏将直接影响系统的性能指标，本节中主要关注 ADC 的噪声评估和驱动设计两方面内容。

6.3.1　分辨率

ADC 输出二进制码值（Code）中包含的位数（bit），称为输出分辨率（Output resolution），习惯上称为多少位 ADC。常见的输出分辨率有 12bit、14bit、16bit、18bit、20bit、24bit 等。

实际 ADC 在各种干扰的影响下，转换结果中包含噪声。输入为直流信号情况下，一般采用输出码值的统计直方图和峰峰值分辨率来描述分辨率；输入为交流信号情况下，通常采用信噪比和等效位数来描述分辨率。

1. LSB 与量化

Nbit 的 ADC 只有 2^N 个码值被输出，只能将输入范围（Input range）分成 2^N 段，每个小区间对应其中一个码值。输入范围的最大值称为满量程（Full scale，FS），用 V_{FS} 表示，每个码值对应的模拟量大小称为最低有效位（Least Significant Bit，LSB），计算公式为：

$$LSB = \frac{V_{FS}}{2^N}$$

（公式 6.13）

以输入范围 0～5V 为例，对于 12bit 的 ADC：1 LSB = 5.0V/4 096 = 1.22mV。而 16bit 的 ADC：1 LSB = 5.0V/65 536 = 76.29μV。ADC 的位数越高，LSB 值就越小，看起来分辨能力更强，但 LSB 表达的只是最小刻度划分，并不代表着 ADC 的真实性能。即使分辨率相同的两颗 ADC，实际性能也可能存在明显差异。

> **小提示**
>
> 在二进制数字描述中，LSB 是指最低有效位。但在 ADC 的应用中，LSB 是作为一个单位来使用。

2. 峰峰值分辨率

ADC 的峰峰值分辨率（Peak-to-Peak resolution）是在输入直流量情况下，将其等效成一颗理想无噪声 ADC 时所对应分辨率的大小，也称无噪声码分辨率（Noise free resolution）或无闪烁分辨率（Flicker free resolution）。

如果输入的是稳定的直流量，理想 ADC 的输出应该是一个固定的码值。但实际 ADC 在自身噪声及其他干扰的影响下，每次转换得到的码值都在变化。假定 ADC 输入范围为正负双极性，将输入端接 GND，如图 6-13（a）所示。经过多次转换后，横轴为采样次数，圆点代表每次转换得到的码值，结果如图 6-13（b）所示。

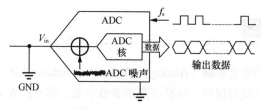

（a）输入端接 GND

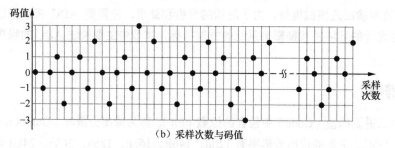

（b）采样次数与码值

图 6-13　输入端接 GND 与 ADC 输出

从时域来说，ADC 每次转换得到的码值具有随机性。但从统计的角度，码值有一定的分布规律。做一个统计直方图，横轴是 ADC 的输出码值，纵轴为每个码值出现的次数，结果如图 6-14（a）所示。直方图呈高斯分布形状，这是因为噪声呈高斯分布。ADC 输入端接地，得到的直方图也称为接地直方图（GND Histogram）。根据直方图的均值 μ 和标准差 σ，绘制连续变量情况下的高斯分布曲线，如图 6-14（a）中虚线所示。

ADC 噪声分析时，仍然假定 ADC 是理想的，把存在于内部的噪声等效成存在于输入端，称为折合到输入端噪声、输入端参考噪声（Input-referred noise）或代码跃迁噪声（Code transition noise）。噪声的均方根值 $\text{Noise}_{(\text{RMS})}$ 就是直方图中均方差 σ 的大小，如图 6-14（b）所示。

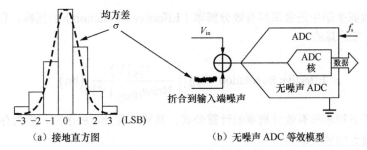

（a）接地直方图　　　　　　　（b）无噪声 ADC 等效模型

图 6-14　统计直方图和无噪声 ADC

高斯分布的范围从 $-\infty$ 到 $+\infty$，因此理论上 ADC 噪声的峰峰值是无穷大的。但高斯分布出现的概率与考察区间相关：$\pm 1\sigma$ 范围内包含了 68.3% 概率，$\pm 3\sigma$ 范围内包含了 99.7% 概率。ADC 噪声分析中一般采用 99.9% 概率，对应 $\pm 3.3\sigma$ 范围，这就是噪声峰峰值 $\text{Noise}_{(\text{Peak-Peak})}$ 通常采用均方根值的 6.6 倍来计算的原因。

$$\text{Noise}_{(\text{Peak-Peak})} = 6.6 \times \text{Noise}_{(\text{RMS})} \qquad （公式 6.14）$$

将 ADC 内部的噪声等效到输入端后，图 6-14（b）中理想无噪声 ADC 的分辨率，就称为实际 ADC 的无噪声码分辨率或峰峰值分辨率，如果用 NoiseFree-bit 来表示，它是通过 ADC 输入满量程 V_{FS} 和噪声的峰峰值 $\text{Noise}_{(\text{Peak-Peak})}$ 来计算的：

$$\text{NoiseFree-bit} = \log_2\left(\frac{2^N(\text{LSB})}{\text{Noise}_{(\text{Peak-Peak})}(\text{LSB})}\right)(\text{bit}) = \log_2\left(\frac{V_{\text{FS}}(\text{V})}{\text{Noise}_{(\text{Peak-Peak})}(\text{V})}\right)(\text{bit}) \qquad （公式 6.15）$$

为了理解 ADC 输出分辨率与无噪声码分辨率之间的关系，假定输入电压为 U，如果用 Nbit 输出分辨率的 ADC 来量化，码值宽度为 $\text{LSB}_{(N\text{bit})}$，受噪声的影响，数据统计直方图呈高斯分布，如图 6-15（a）所示。如果用无噪声码分辨率 NoiseFree-bit 的 ADC 来量化，码值宽度变成 $\text{LSB}_{(\text{NoiseFree-bit})}$，如图 6-15（b）所示。ADC 的噪声没有发生变化，但由于 LSB 变宽，噪声并不能造成 ADC 的输出码值变化，于是就可将其等效成一颗无噪声理想 ADC。

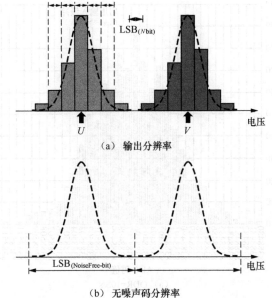

（a）输出分辨率

（b）无噪声码分辨率

图 6-15　ADC 输出分辨率与无噪声码分辨率

有些器件的数据手册中还会采用有效分辨率（Effective Resolution）的指标，它是通过噪声的均方根值 $\text{Noise}_{(\text{RMS})}$ 来计算的：

$$\text{Effective Re solution} = \log_2\left(\frac{V_{\text{FS}}(\text{V})}{\text{Noise}_{(\text{RMS})}(\text{V})}\right)(\text{bit}) \qquad （公式 6.16）$$

对比无噪声码分辨率和有效分辨率的计算公式，其实只有分母的区别，因为存在着 6.6 倍的数学关系，所以两者之间的关联为：

$$\text{Effective Re solution} = \log_2\left(\frac{V_{\text{FS}}}{\text{Noise}_{(\text{RMS})}}\right) = \log_2\left(\frac{V_{\text{FS}}}{\text{Noise}_{(\text{Peak-Peak})}/6.6}\right)$$

$$= \log_2\left(\frac{V_{\text{FS}}}{\text{Noise}_{(\text{Peak-Peak})}}\right) + \log_2(6.6) \qquad （公式 6.17）$$

$$= \text{NoiseFree - bit} + 2.7(\text{bit})$$

计算结果可见，有效分辨率只是在无噪声码分辨率的基础上增加 2.7bit，数值看上去更"好看"，这就是有些器件数据手册中喜欢采用有效分辨率描述的原因。读者阅读数据手册的时候，不能单纯只看数字，还需要关注是哪一种分辨率。

> **小提示**
>
> 峰峰值分辨率是在直流量输入情况下对 ADC 噪声特性的描述，一般在高分辨率低采样率的 Sigma-Delta 型 ADC 数据手册中最为常见。

Sigma-Delta（Σ-Δ）型 ADC 的噪声与输出数据速率（Output Data Rate，ODR）相关，以 ADI 的 AD7175-2 为例，数据手册中提供了 ODR 在 10kS/s 和 250kS/s 情况下的数据统计直方图，如图6-16 所示，对比可见，在高采样率情况下噪声明显比低采样率时大得多。

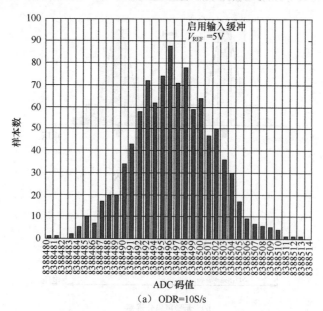

（a）ODR=10S/s

图6-16 数据统计直方图（AD7175-2）

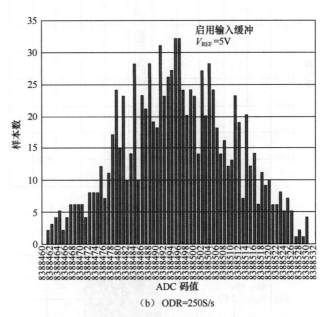

（b）ODR=250S/s

图6-16　数据统计直方图（AD7175-2）（续）

AD7175-2 数据手册中也提供了输出数据速率与噪声大小的速查表，以 Sinc3 数字滤波器、输入缓冲器关闭（Input buffers disabled）为例，如图6-17所示，除了噪声的均方根值和峰峰值外，还提供了有效分辨率和峰峰值分辨率的计算结果。

输出数据速率/(S/s)	均方根噪声/μV(RMS)	有效分辨率 /bit	峰峰值噪声/μV$_{P-P}$	峰峰值分辨率 /bit
250 000	210	15.5	1 600	12.6
62 500	5.2	20.9	40	17.9
10 000	1.8	22.4	14	19.4
1 000	0.56	24	3.9	21.3
60	0.13	24	0.8	23.6
50	0.13	24	0.7	23.8
16.66	0.07	24	0.37	24
5	0.05	24	0.21	24

图6-17　输出数据速率与噪声（AD7175-2）

Pipeline 和 SAR 型 ADC 的数据手册中通常没有峰峰值分辨率指标，只会提供直流输入情况下的数据统计直方图。以 ADI 的 12 位 170MS/s 双通道 AD9613（Pipeline 型 ADC）为例，采集 16 384 个数据，如图6-18（a）所示，分布在 $N-1$、N、$N+1$ 三个码值中，噪声均方根值为 0.38LSB。以 16 位 200kS/s 八通道 AD7606（SAR 型 ADC）的接地直方图为例，如图6-18（b）所示。

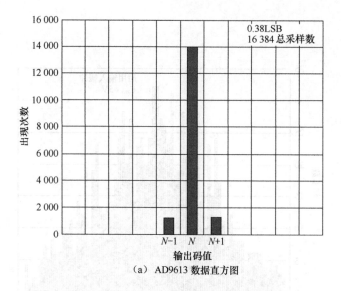

（a）AD9613 数据直方图

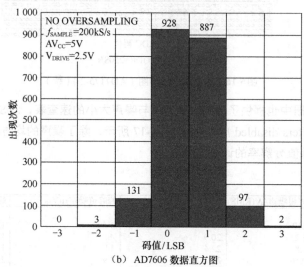

（b）AD7606 数据直方图

图6-18　ADC 数据统计直方图

对 Pipeline 型和 SAR 型 ADC 来说，输入端参考噪声的大小通常与采样率无关，因此数据统计直方图只给出典型工作条件下的结果。

3. 有效位数

ADC 输入为交流量时，通常用信噪比来描述转换结果中有用信号与噪声的比值。根据实际 ADC 的 SNR 将其等效成理想 ADC，得到的分辨率称为有效位数（Effective number of bits，ENOB），计算公式为：

$$\mathrm{ENOB} = \frac{\mathrm{SNR}\mid_{实际} - 1.76}{6.02}(\mathrm{bit}) \qquad （公式 6.18）$$

有些文献中综合考虑噪声和谐波失真对 ADC 带来的影响，会用信纳比（Signal-to-noise-and-distortion ratio，SINAD）来计算 ENOB。

信噪比是评价 ADC 交流性能时常用指标，测试方法如图6-19 所示，用接近满量程的单频正弦波信号输入 ADC，采集若干数据后进行 FFT（快速傅里叶变换）分析，得到 SNR。需要注意的是，输入正弦波的 SNR 要高于 ADC 的 SNR，否则就不是在测试 ADC，而是用 ADC 采集正弦波。另外正弦波的幅值要接近 ADC 满量程，否则会造成 SNR 的损失。

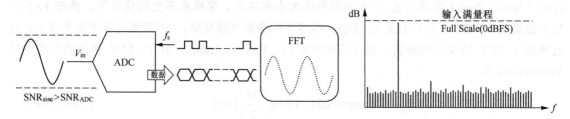

图6-19　ADC 的信噪比 SNR 测试

输入模拟信号的幅值是连续的，而 ADC 输出码值是有限的，每次采样后的转换，只能用最接近的一个数字码值来表示，这称为量化（Quantization）。同一个 LSB 区间内的模拟量大小，都只能用这个区间对应的码值来表示，因此理想 ADC 在量化过程中也不可避免地会引入误差，这称为量化误差（Quantization error）。

ADC 采集交流信号时，量化误差通常被建模成一个幅值为 ±0.5LSB 的锯齿波，虽然这种等效并非完全准确，但对大多数应用来说是足够的。量化误差会导致 FFT 结果中的量化噪声（Quantization noise），通常量化噪声与输入信号没有关联，只与 ADC 的分辨率 N 相关，量化噪声的均方根值大小为：

$$\text{Quantization noise}_{\text{RMS}} = \frac{1}{\sqrt{12}}(\text{LSB}) = \frac{V_{\text{FS}}}{2^N} \times \frac{1}{\sqrt{12}}(\text{V})$$ （公式 6.19）

输入满量程的正弦波，理想 ADC 的转换结果中只包含量化噪声，推算 N-bit 理想 ADC 的 SNR：

$$SNR\big|_{\text{理想ADC}} = 20 \times \log_{10}\left(\frac{V_{\text{Signal(RMS)}}}{\text{Quantization noise}_{\text{(RMS)}}}\right)$$

$$= 20 \times \log_{10}\left(\frac{\frac{2^N}{2\sqrt{2}}(\text{LSB})}{\frac{1}{\sqrt{12}}(\text{LSB})}\right) = 6.02 \times N + 1.76(\text{dB})$$ （公式 6.20）

关于量化噪声的推导和信噪比更详细的分析，可以阅读 ADI 技术文档"MT-001：揭开一个公式（SNR=6.02N+1.76dB）的神秘面纱"和"MT-229 量化噪声：公式 SNR=6.02N+1.76dB 的扩展推导"。

> **小提示**
> 公式 6.02×N+1.76 的计算结果，是 Nbit ADC 信噪比 SNR 的理论上限，实际 ADC 的 SNR 会小于这个值，因此用 ENOB 来描述其真实性能。

FFT（快速傅里叶变换）将信号从时域转化到频域，由于 FFT 结果中前后两半是对称的，因此频谱图中只关注前一半的结果。如果 ADC 采样率为 f_s，参与 FFT 变换的数据量为 M，得到的结果也是 M 点，频域分布范围为 DC～f_s。每个数据点代表的频率宽度：$\Delta f = f_s / M$，这个频率宽度 Δf 在英文中称为"bin size"或"bin spacing"，中文一般翻译成频率分辨率、频点间隔或谱线宽度。

理想 ADC 转换数据的 FFT 分析结果中只包含量化噪声，它的功率谱呈白噪声特性，均匀分布在 DC～$f_s/2$ 的奈奎斯特带宽内。FFT 分析可以等效成宽度为 Δf 的窄带频谱分析，因此 FFT 噪底（Noise floor）位置由 Δf 带宽内噪声的大小来决定。采样率不变的情况下，参与 FFT 分析的数据量 M 增加，频率宽度 Δf 变小，相当于带通滤波器变窄，Δf 带宽内噪声功率减少，这就降低了 FFT 结果中的噪底，也称为处理增益（Process Gain），M 点 FFT 带来的处理增益 ProcessGain 为：

$$\text{ProcessGain} = 10\log\left(\frac{M}{2}\right)(\text{dB}) \qquad (公式 6.21)$$

ADC 的信噪比与 FFT 分析数据量 M 无关，但 FFT 噪底是在 SNR 基础上再增加处理增益。以 12bit 理想 ADC 的 FFT 分析结果为例，如图 6-20 所示，图中 RMS 量化噪声虚线是 ADC 的 SNR 位置，经过 M=4096 个点的 FFT 之后，处理增益增加 33dB，FFT 的噪底降低到图中虚线所示的位置。

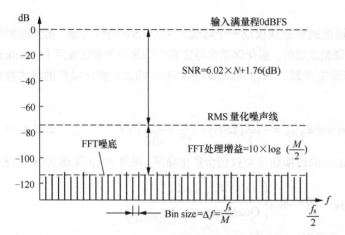

M	处理增益/dB
256	21
512	24
1 024	27
2 048	30
4 096	33
8 192	36
16 384	39

图 6-20　FFT 分析结果与处理增益

电路设计良好的情况下，实际 ADC 的 FFT 分析结果中除了量化噪声，还包含 ADC 固有的热噪声，为了准确测量噪底水平，需要取多次 FFT 结果的平均值。

4. VisualAnalog

VisualAnalog™是 ADI 提供的一个数据转换器（ADC 和 DAC）性能评估软件包，具有友好的图形界面和强大的功能。尽管市场上也有许多数据分析软件，但 VisualAnalog 分析结果基于数据转换器的视角，非常适用于 ADC 和 DAC 的评估。如果需要了解 VisualAnalog 更详细的功能，可以参考 ADI 网站提供的文档"AN-905：VisualAnalog™转换器评估工具 1.0 版用户手册"。

VisualAnalog 能与 ADI 的高速 ADC 数据采集板（HSC-ADC-EVAL）无缝接口，采集数据进行评估，也可以连接高速 DAC 数据模式发生器（DPG），生成波形输出。即使没有实际硬件可用，或者还在器件选型阶段，基于 VisualAnalog 的转换器模型也能构建虚拟评估平台。

VisualAnalog 界面左侧组件（Components）栏提供各种功能模块，右侧区域称为画布（Canvas）。将功能模块拖放到画布，通过连线设计数据分析流程。VisualAnalog 除了可以连接评估版采集数据，也可以对已有的数据进行分析，以 FFT 分析为例，界面、画布和分析流程设计如图 6-21 所示。

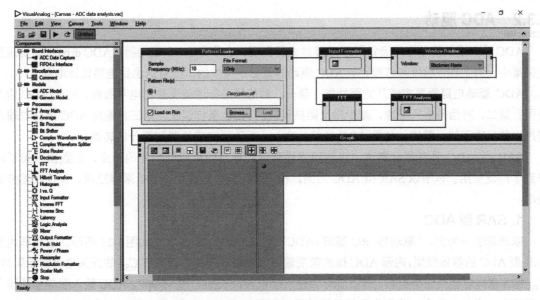

图6-21　VisualAnalog 界面、画布和分析流程设计

单击 Pattern Loader 中 Browse 按钮，选择数据文件，在 Input Formatter 中设置数据格式，在 Window Routine 中选择 FFT 窗函数，在 FFT Analysis 中设置数据分析，单击 Run 运行，Graph 中将显示 FFT 的分析结果，如图6-22 所示。

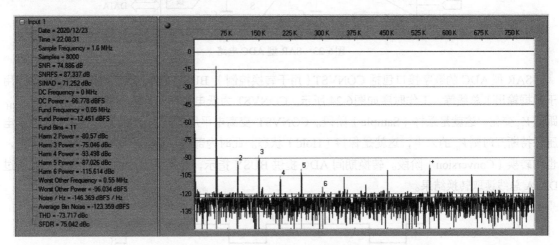

图6-22　VisualAnalog 的 FFT 结果

图6-22 中右侧区域是频谱图，可以看到基波、谐波以及 FFT 噪底。左侧是 ADC 数据的分析结果，其中 SNR 是当前信号的信噪比，SNRFS 是换算到满量程信号后的信噪比，Fund Frequency 和 Fund Power 是基波的频率和幅值，Harm 2 Power～Harm 6 Power 分别是 2～6 次谐波分量，THD 是总谐波失真，Average Bin Noise 就是噪底大小。

> 小提示
> VisualAnalog 分析结果中如果用 dBFS 描述，是针对满量程（Full Scale）的相对值，如果用 dBc 描述，是针对基波或载波（Carrier）的相对值。

6.3.2 ADC 驱动

ADC 输入端的驱动电路通常基于运算放大器实现，也称为 ADC 驱动器（ADC driver）。高速数据采集中，为了保证精度和信噪比，ADC 驱动器是必不可少的，而且这也是电路设计难点之一。

ADC 驱动电路需要完成几方面功能：第一，对信号进行增益调整和电平搬移，匹配 ADC 输入范围；第二，对信号进行缓冲，减少输出阻抗引起的 ADC 采样误差；第三，隔离 ADC 采样对输入端产生的反冲干扰；第四，如果 ADC 是差分输入，驱动器完成单端到差分的转换。

SAR 型 ADC 具有高分辨率、没有流水线延迟、容易使用和低功耗的特点，在数据采集领域得到了广泛应用。以下以 SAR 型 ADC 为例，根据输入级等效模型，分析采样过程，保证误差降至最小。

1. SAR 型 ADC

以单端信号为例，"驱动器+RC 滤波+ADC" 的 SAR 型 ADC 电路如图6-23 所示。右侧框内是 SAR 型 ADC 的等效模型，内部 ADC 核的前端输入级建模成开关 S 和电容 C_{SH} 的开关电容前端架构。C_{SH} 称为采样电容或保持电容，有时也称为输入端电容，一般在 10～50pF。ADC 输入端与驱动器之间通常有一个 RC 组合，除了作为低通滤波器限制带外噪声，电容 C 还有助于减弱 ADC 采样对输入端的影响。

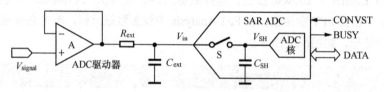

图6-23　SAR 型 ADC 电路

SAR 型 ADC 的数字接口包括 CONVST（用于转换控制）、BUSY（用于状态指示）和 DATA（用于数据输出）总线等，工作时序如图6-24 所示。CONVST 为低电平期间，输入级开关 S 闭合，V_{SH} 跟随 V_{in} 变化，这就是采样（Sample）阶段。CONVST 变高电平后，开关 S 断开，电容 C_{SH} 两端电压保持断开时刻 V_{in} 的大小，这就是保持（Hold）状态。此时内部的 ADC 核将 V_{SH} 转换成数字量，也称转换（Conversion）阶段。转换期间 ADC 提供 BUSY 指示，转换结束后由 CPU 或 FPGA 通过 DATA 总线读取转换结果。

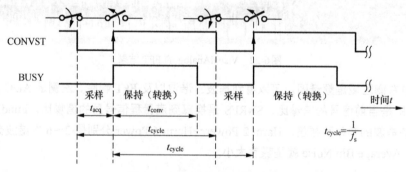

图6-24　SAR 型 ADC 工作时序

假定 ADC 采样率为 f_s，采样周期 t_{cycle} 与 f_s 呈倒数关系：$t_{cycle} = 1/f_s$。转换阶段时间为 t_{conv}，留给采样阶段的时间为：$t_{acq} = t_{cycle} - t_{conv}$。随着 ADC 采样率和分辨率的不断提高，就必须保证在有限的 t_{acq} 时间内完成 C_{SH} 的建立，这需要根据建立时间来确定 RC 滤波器。

2. 建立时间

从 SAR 型 ADC 的等效模型和工作时序中可以看出,内部 ADC 核实际上是对内部电容 C_{SH} 保持的电压 V_{SH} 进行模数转换,因此采样阶段结束前,需要保证 V_{SH} 与输入信号 V_{signal} 相等,否则将会引入转换误差。转换结束后,V_{SH} 剩余的电压与 ADC 架构有关,早期 SAR 型 ADC 的 V_{SH} 会维持不变,现代电荷再分配架构 ADC 的电压 V_{SH} 可能会变为 0。

ADC 采样分析时,通常假定开关 S 是理想的,没有导通电阻和寄生电容,驱动器也是理想的,不会产生过冲和振荡。开关 S 闭合前,V_{in} 跟随信号 V_{signal} 变化,电容 C_{ext} 存储一定量的电荷。开关 S 闭合后,C_{SH} 与 C_{ext} 突然并联,如果 V_{in} 与 V_{SH} 不相等,两个电容之间就会产生充电/放电瞬时电流,这称为输入端反冲。

分析电容 C_{SH} 的建立过程,通常假定在 $V_{in} > V_{SH}$ 的状态开关 S 闭合,此时 C_{ext} 对 C_{SH} 充电,造成电压 V_{in} 产生一个瞬时跌落,如图 6-25 中符号①过程。然后 ADC 驱动器通过 R_{ext} 对 C_{ext} 充电,如图 6-25 中符号②过程,最终 V_{in} 恢复至 V_{signal} 水平,采样过程中 C_{SH} 与 C_{ext} 并联,分析 V_{in} 的变化也就得到了 V_{SH} 的结果。

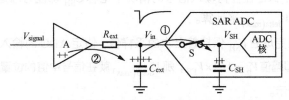

图 6-25　SAR 型 ADC 采样

开关 S 闭合后,V_{in} 瞬时跌落后又充电恢复的示意图如图 6-26 所示,整个过程也称为电容 C_{SH} 的建立(Settling)过程或 ADC 的采集(Acquisition)过程。ADC 采样时在输入端造成的毛刺干扰,称为反冲噪声或回踢噪声(Kickback noise)。

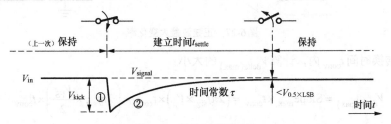

图 6-26　采样电容建立过程

开关 S 闭合前,将 V_{in} 与 V_{SH} 的压差定义为 $V_{delta} = V_{in} - V_{SH}$。开关闭合后,电容 C_{ext} 和 C_{SH} 存储的电荷重新进行分配(Charge redistribution),会在 V_{in} 端产生瞬时电压跌落,如图 6-26 中①所标注的阶段,计算电压跌落 V_{kick} 大小的公式为:

$$V_{kick} = V_{delta} \cdot \frac{C_{SH}}{C_{ext} + C_{SH}} \qquad (公式 6.22)$$

V_{in} 跌落至 $(V_{signal} - V_{kick})$ 后,在运放驱动下的恢复过程就是一个典型的 RC 充电曲线,如图 6-26 中②所标注的阶段。定义时间常数 $\tau = R_{ext} \cdot (C_{ext} + C_{SH})$,$V_{in}$ 的变化规律:

$$V_{in}(t) = (V_{signal} - V_{kick}) + V_{kick} \cdot \left(1 - e^{-\frac{t}{\tau}}\right) = V_{signal} - V_{kick} \cdot e^{-\frac{t}{\tau}} \qquad (公式 6.23)$$

为了保证采样的准确性，V_{in} 需要建立到距离 V_{signal} 半个 LSB 以内，否则采样过程中就会引入采样误差。定义这个误差电压大小为 $V_{0.5 \times LSB}$，根据 $V_{signal} - V_{in}(t) = V_{0.5 \times LSB}$，建立时间 t_{settle} 的计算为：

$$t_{settle} = \ln\left(\frac{V_{kick}}{V_{0.5 \times LSB}}\right) \cdot \tau \qquad （公式 6.24）$$

从 t_{settle} 的表达式来看，只要有足够的时间，V_{SH} 的建立误差都能小于 $V_{0.5 \times LSB}$。因此分辨率不高和低采样率的应用中，没有 ADC 驱动器对数据采集精度的影响可能并不明显。

> **小提示**
> 　　建立误差在 $V_{0.5 \times LSB}$ 以下是基于无噪声 ADC 的一个理想假设，高分辨率 ADC 自身的噪声都会大于 1 LSB，此时建立精度并不一定非要限制在 $V_{0.5 \times LSB}$ 以下。

根据建立时间 t_{settle} 的计算公式，t_{settle} 表面看起来受 V_{kick} 影响，但在 C_{SH} 和 C_{ext} 确定的情况下，实际上由 V_{delta} 决定。为了保证在任何输入信号的情况下电容 C_{SH} 都能可靠建立，t_{settle} 的分析中 V_{kick} 需要按照 V_{delta} 的最大值 $V_{delta(max)}$ 来计算。

如果 ADC 模数转换完成后 V_{SH} 保持着上次的采样值，假定 ADC 的输入是频率为 f_{sig} 的正弦波，峰峰值为 ADC 满量程，即幅值 $V_p = 1/2 \times V_{FS}$，那 $V_{delta(max)}$ 就在信号中值的位置，最大变化率 $\text{Slope}_{max} = 2\pi f_{sig} \times V_p$，如图 6-27 所示。

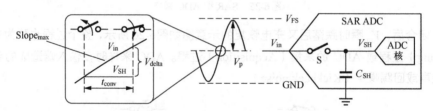

图 6-27　正弦波最大变化率

在 ADC 转换时间 t_{conv} 内，计算 $V_{delta(max)}$ 的大小：

$$V_{delta(max)} = \text{Slope}_{max} \times t_{conv} = \left(2\pi f_{sig} \times V_p\right) \times t_{conv} = \left(2\pi f_{sig} \times \frac{V_{FS}}{2}\right) \times t_{conv} \quad （公式 6.25）$$

如果输入的是直流量，根据以上的分析会有 $V_{delta} = 0V$，但模拟开关寄生电容中的电荷在开关闭合时会被推到输入节点，这称为二阶电荷反冲（Second-order charge kickback）。在输入信号频率很低（<10kHz）的时候，$V_{delta(max)}$ 一般按照 100～200mV 来估算。

如果 ADC 转换结束后电容 C_{SH} 的电荷全部被释放，V_{SH} 变为 0V，此时 $V_{delta(max)}$ 就不需要再关注输入信号的频率和幅值，而是按照 $V_{delta(max)} = V_{FS}$ 来计算。

3. 选择 RC

参照 V_{kick} 的计算公式，电容 C_{ext} 越大则 V_{kick} 越小，理论上 C_{ext} 大到一定程度，瞬时电压跌落 V_{kick} 可以减小到 $V_{0.5 \times LSB}$ 以下。但增大 C_{ext} 会带来两个弊端：一是导致驱动运放的相位裕量降低，电路变得不稳定而且容易发生振荡；二是 C_{ext} 与电阻 R_{ext} 构成低通滤波器的截止频率很低，影响系统带宽。因此 R_{ext} 和 C_{ext} 的选择，需要一定的权衡。

SAR 型 ADC 的采样电容值 C_{SH} 一般在 10～50pF，通常外部电容 $C_{ext} = (50 \sim 100) \times C_{SH}$，而且应

该选择 C0G（NP0）型电容，避免在信号路径上引入谐波失真。此处 C_{ext} 取值只是一个经验参考，如果 C_{ext} 偏大导致运放的相位裕量不足，引起输出振荡，那就需要减小 C_{ext} 的值。

选定 C_{ext} 之后，根据 $V_{delta(max)}$ 计算 V_{kick}，如果保证在 t_{acq} 时间内完成 V_{SH} 的建立，时间常数 τ 为：

$$\tau = \frac{t_{acq}}{\ln\left(\dfrac{V_{kick}}{V_{0.5 \times LSB}}\right)} \qquad （公式 6.26）$$

得到时间常数 τ 之后，根据 $\tau = R_{ext} \cdot (C_{ext} + C_{SH})$ 就可以确定电阻 R_{ext} 的值，由于 $t_{settle} \leqslant t_{acq}$，此时 R_{ext} 为可取的最大值。

电阻 R_{ext} 会影响 ADC 的交流特性，特别是总谐波失真（Total harmonic distortion，THD）指标。对 ADC 输入端来说，电阻 R_{ext} 等效为信号源的输出阻抗，所以也被称为源电阻（Source resistance），用符号 R_s 表示。以 16 位 500kS/s 采样率的 AD7686 为例，不同源电阻情况下的 THD 曲线如图 6-28 所示，从图中可见，在输入信号频率相同的情况下，随着源电阻的增大，THD 会变差。

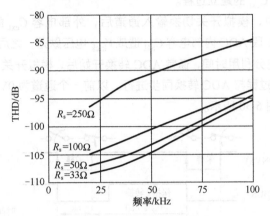

图 6-28　源电阻对 THD 的影响

THD 变差的主要原因是 ADC 内部电容 C_{SH} 的非线性特性，输入电压的变化会造成 C_{SH} 容值发生微小改变，这个变化还是非线性的。即使 ADC 驱动器提供了正确的信号，由于 C_{SH} 容值的微小变化，交流误差被引入，导致 FFT 分析结果中的谐波失真。随着源电阻 R_s 阻值增加，这个失真会变得越来越严重，而且还无法补偿。

为了将失真控制在一定范围内，ADC 输入端的 R_{ext} 取值不能太大，推荐值一般在 10～100Ω。电路调试中如果发现信号失真比预期严重，即使降低采样率也没有改善，可以尝试减小 R_{ext} 的大小，观察是否有所改善。

增大电阻 R_{ext} 可以让驱动器变得轻松，但会影响 ADC 的 THD 总谐波失真指标。因此实际电路中需要根据输入信号的频率范围、可接受的失真水平及运放的容性负载驱动能力，利用实际的硬件进行试验，寻找 R_{ext} 和 C_{ext} 的优化平衡点。

> **小提示**
> 　　ADC 的前端通常都采用一阶 RC 低通滤波器，如果采用更高阶的滤波器，可能会给系统带来额外的复杂性。

4. 输入端切换

采样率不高的多通道数据采集应用中，可以利用模拟开关（MUX）切换信号通道，利用同一个 ADC 分时复用来实现，如图6-29 所示。这种输入端切换的方式，虽然减少了 ADC 通道数量，但限制了每个通道的采样率，使 ADC 采样建立时间的分析会变得更加复杂。

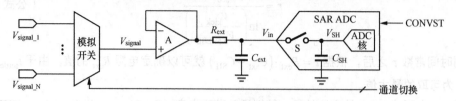

图6-29　输入端 MUX 多通道切换

不同通道的信号之间没有关联，通道切换时，极端情况下，前一个信号是 ADC 输入范围的最小值，后一个信号是输入范围的最大值。对 ADC 驱动器来说，输入端就是一个满量程阶跃信号，因此还需要关注外部电容 C_{ext} 的建立过程。

输入端切换的应用中，模拟开关切换输入通道后，外部电容 C_{ext} 的建立过程称为正向建立（Forward settling）；采样阶段 ADC 内部电容 C_{SH} 造成 V_{kick} 电压跌落，之后的建立过程称为反向建立（Reverse settling）。为了充分利用时间，通常 ADC 转换开始后，模拟开关 MUX 就切换到下一通道，外部电容 C_{ext} 的正向建立过程与 ADC 转换同步进行。以前一个通道为 0V、后一个通道为 V_{FS} 为例，工作时序和 V_{in} 的变化如图 6-30 所示。

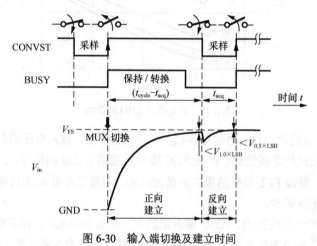

图 6-30　输入端切换及建立时间

正向建立和反向建立是相对独立的两个阶段，各自的建立时间可以分别计算。反向建立时间与 t_{settle} 的计算方法相同，由于前后两个通道的信号没有相关性，$V_{delta(max)}$ 要按照 $V_{delta(max)} = V_{FS}$ 来计算。

正向建立时间由 R_{ext} 和 C_{ext} 的时间常数 $\tau = R_{ext} \cdot C_{ext}$ 决定，通常以距离目标值 $1.0 \times LSB$ 以下作为正向建立的结束，定义这个电压大小为 $V_{1.0 \times LSB}$，建立等式为：

$$V_{in}\left(t\right) = V_{FS} \cdot \left(1 - e^{-\frac{t}{\tau}}\right) = V_{FS} - V_{1.0 \times LSB} = V_{FS} - \frac{V_{FS}}{2^N} \qquad （公式 6.27）$$

得到误差在 $1.0 \times LSB$ 以下的正向建立时间 $t_{Forward\,settling}$ 的计算公式为：

$$t_{\text{Forward settling}} = \ln\left(2^N\right) \cdot \tau \qquad\qquad (\text{公式 6.28})$$

不同 *N*bit 分辨率的情况下，正向建立时间与时间常数 τ 的倍数关系如表 6-1 所示。

表 6-1　ADC 分辨率与建立时间

ADC 位数	1.0×LSB（%FS）	τ 的倍数
8	0.391	5.55
10	0.097 7	6.93
12	0.024 4	8.32
14	0.006 1	9.70
16	0.001 53	11.09
18	0.000 38	12.48
20	0.000 095	13.86

设计输入端切换架构的电路时，先按照反向建立时间来确定 R_{ext} 和 C_{ext}，然后计算正向建立时间，分析哪个阶段会存在瓶颈。如果以正向建立时间为主要约束，那需要在模拟开关 MUX 之前的每个通道增加驱动器和 RC 滤波器，这样就避免了通道切换时的正向建立时间。

5. 选择运放

前面章节中公式的推导和计算，都假定用于 ADC 驱动的运放是理想的，实际运放的选型时，需要关注的参数包括：噪声（Noise）、失真（Distortion）、信号带宽（Signal bandwidth）、压摆率（Slew rate）及建立时间（Settling time）等。

运放自身的噪声会叠加在信号链路之中，因此噪声是重点关注的指标。如果运放电路的噪声在 ADC 自身噪声的 1/5 以下，那对系统的信噪比就没有明显影响。运放的噪声包括低频 1/f 噪声和宽带噪声，转折频率低的情况下，估算时可以忽略 1/f 噪声，只关注宽带噪声。

运放的谐波失真特性一般会提供 THD+N（总谐波失真加噪声）指标，还可能会有二次、三次谐波失真（Harmonic Distortion HD2/HD3）的性能。随着输入信号频率的升高，运放和 ADC 的失真性能都会变差，应用中需要根据被测信号的频率范围检查运放的 THD 指标。

运放数据手册中会提供–3dB 带宽参数，但要注意测试条件，一般 $V_{\text{o}} = 20\text{mV}_{\text{p–p}}$ 情况下是小信号带宽，$V_{\text{o}} = 2\text{V}_{\text{p–p}}$ 情况下是大信号带宽。小信号带宽在数字上通常比大信号带宽高很多，但在驱动 ADC 的应用中，大信号带宽指标才是关注的重点。

运放压摆率用来描述输出电压最快变化的能力，选型时压摆率需求一般为输入信号最大变化率 $\text{SlewRate}_{\text{max}}$ 两倍以上，正弦波信号可以根据频率 f_{sig} 和幅值 V_{p} 来计算最大压摆率。输入端切换得多路复用场景中，除了关注压摆率之外，还要关注建立时间。

运放的建立时间，是输入阶跃信号情况下，输出建立至指定误差百分比需要的时间。输入端切换的应用中，这个参数会影响外部电容的正向建立时间。多数运放仅提供 0.1% 或 0.01% 误差的建立时间，而 16 位 ADC 一般需要关注 0.001% 的建立时间，因此多数情况下运放的建立时间指标只能参考。

以低功耗低噪声、轨到轨输出运放 ADA4841-1 为例，在+5V 供电增益 G=1 的配置下，参数如图 6-31 所示。小信号带宽为 80MHz，看起来不错，但是大信号带宽只有 3MHz，输出 2V 阶跃情况下 0.01% 建立时间需要 550ns，在输入端切换的应用中，正向建立时间可能会遇到瓶颈。

参数	条件	最小值	典型值	最大值	单位
动态性能					
-3dB 带宽	V_O=0.02V_{P-P}	54	80		MHz
	V_O=2V_{P-P}		3		MHz
压摆率	G=+1，V_O=4V阶跃，R_L=1kΩ	10	12		V/μs
0.1% 建立时间	G=+1，V_O=2V阶跃		175		ns
0.01% 建立时间	G=+1，V_O=2V阶跃		550		ns
噪声 / 谐波性能					
谐波失真 HD2/HD3	f_C=100kHz，V_O=2V_{P-P}		-109/-105		dBc
	f_C=1MHz，V_O=2V_{P-P}		-78/-66		dBc
输入电压噪声	f=100kHz		2.1		nV/$\sqrt{Hz}$
输入电流噪声	f=100kHz		1.4		pA/$\sqrt{Hz}$

图 6-31　ADA4841-1 参数表（部分）

选择更高带宽的运放 ADA4807-1，在 +5V 供电增益 G=1 的配置下，参数如图 6-32 所示。大信号带宽有 28MHz，输出 2V 阶跃情况下 0.1% 建立时间为 40ns。

参数	测试条件 / 注释	最小值	典型值	最大值	单位
动态性能					
-3dB 带宽	G=+1，V_{OUT}=20mV_{P-P}		170		MHz
	G=+1，V_{OUT}=20mV_{P-P}		28		MHz
压摆率	G=+1，V_{OUT}=2V阶跃，20% 至 80%，上升 / 下降		145/160		V/μs
0.1% 建立时间	G=+1，V_{OUT}=2V阶跃		40		ns

图 6-32　ADA4807-1 参数表（部分）

在 ADI SAR 型 ADC 的网站页面或数据手册中，都会看到"推荐驱动放大器"列表，电路设计时可参考选用。ADI 也提供了 SAR 型 ADC 的驱动设计指南，比如"AN-931: 了解 PulSAR ADC 支持电路"等。

6. 计算案例

以 ADI PulSAR ADC 家族中 16 位 AD7980 为例，输入范围为 0～5V，采样电容 C_{SH} = 30pF，转换时间 t_{conv} = 710ns。假定采样率 1MS/s，在输入信号频率 f_{sig} =100kHz 的情况下，设计外部的电阻 R 和电容 C。

假定输入正弦波的峰峰值为满量程，转换时间 t_{conv} 内的 $V_{delta(max)}$：

$$V_{delta(max)} = \left(2\pi f_{sig} \times V_p\right) \times t_{conv} = 2\pi \times 100\text{kHz} \times \frac{5.0\text{V}}{2} \times 710\text{ns} = 1.115\text{V} \quad （公式 6.29）$$

根据 $C_{ext} = (50\sim100) \times C_{SH}$ 经验值，取 C_{ext} = 2.7nF，计算瞬时电压跌落 V_{kick}：

$$V_{kick} = V_{delta(max)} \times \frac{C_{SH}}{C_{ext} + C_{SH}} = 1.115\text{V} \times \frac{30\text{pF}}{2.7\text{nF} + 30\text{pF}} = 12.253\text{mV} \quad （公式 6.30）$$

ADC 采样率 f_s =1MS/s，采样周期 t_{cycle} = 1μs，留给采样的时间 t_{acq}：

$$t_{acq} = t_{cycle} - t_{conv} = \frac{1}{f_s} - t_{conv} = 1\mu\text{s} - 710\text{ns} = 290\text{ns} \quad （公式 6.31）$$

根据 V_{kick} 和 t_{acq}，计算时间常数 τ：

$$\tau = \frac{t_{acq}}{\ln\left(\dfrac{V_{kick}}{V_{0.5 \times LSB}}\right)} = \frac{290\text{ns}}{\ln\left(\dfrac{12.253\text{mV}}{0.5 \times \dfrac{5.0\text{V}}{2^{16}}}\right)} = 50.24\text{ns} \quad （公式 6.32）$$

根据时间常数 τ 来计算 R_{ext}：

$$R_{\text{ext}} = \frac{\tau}{C_{\text{ext}} + C_{\text{SH}}} = \frac{50.24\text{ns}}{2.7\text{nF} + 30\text{pF}} = 18.4\Omega \qquad （公式 6.33）$$

低通滤波器的截止带宽 $f_{-3\text{dB}}$ 为：

$$f_{-3\text{dB}} = \frac{1}{2\pi \cdot R_{\text{ext}} \cdot C_{\text{ext}}} = \frac{1}{2\pi \times 18.4\Omega \times 2.7\text{nF}} = 3.2\text{MHz} \qquad （公式 6.34）$$

ADC 驱动器选择运放 ADA4841-1，电压噪声谱密度 $e_n = 2.1\text{nV}/\sqrt{\text{Hz}}$，在 R_{ext} 和 C_{ext} 低通滤波器截止带宽 $f_{-3\text{dB}}$ 内的噪声 $V_{\text{Amp noise(RMS)}}$：

$$V_{\text{Amp noise(RMS)}} = e_n \times \sqrt{1.57 \times f_{-3\text{dB}}} = 2.1\text{nV}/\sqrt{\text{Hz}} \times \sqrt{1.57 \times 3.2\text{MHz}} = 4.71\mu\text{V} \qquad （公式 6.35）$$

输入范围为 0～5V 情况下，AD7980 信噪比 SNR = 90.5dB，通过 ADC 的 SNR 来推算 ADC 自身噪声 $V_{\text{ADC noise(RMS)}}$：

$$\text{SNR}\left(\text{dB}\right) = 20\log_{10}\left(V_{\text{signal(RMS)}} / V_{\text{ADC noise(RMS)}}\right)$$

$$\Rightarrow V_{\text{ADC noise(RMS)}} = \frac{V_{\text{signal(RMS)}}}{10^{\frac{\text{SNR}}{20}}} = \frac{\frac{5.0}{2}}{\frac{\sqrt{2}}{10^{\frac{90.5}{20}}}}\mu\text{V} = 52.77\mu\text{V} \qquad （公式 6.36）$$

对比运放噪声 $V_{\text{Amp noise(RMS)}}$ 和 ADC 噪声 $V_{\text{ADC noise(RMS)}}$，相差一个数量级以上，因此驱动器贡献的噪声对整个信号链路信噪比的影响不大，不会影响到系统性能。

> **小提示**
> 根据建立时间设计出的 RC 低通滤波器，其截止带宽可能并不满足采样定理所需要的 $0.5 \times f_{\text{sample}}$（采样率），因此确实存在着信号混叠的可能性。

7. 轻松驱动

ADI 的新一代 AD4000 系列 SAR 型 ADC，提供了轻松驱动（Easy drive）特性，内部集成了高阻模式（High-Z mode）功能，比市场上现有的传统 SAR 型 ADC 更容易驱动，大大降低了信号链路设计的复杂性。但高阻模式在默认情况下并没有被启用，需要通过 SPI 总线写入 ADC 内部寄存器的控制位来使能。

使能高阻模式后，ADC 内部采样电容在转换结束时充电，保持上次采样的电压，这样进入下一次采集时可以减少对输入端的电荷反冲，让输入电流降至亚微安级。在低速（<10kHz）或直流信号条件下，AD4000 无须专用的驱动器，仍然可以达到很好的 THD 性能。但输入信号频率超过 10kHz 或输入端多路复用的情况下，应该禁用高阻模式。

使能高阻模式后，ADC 会额外消耗 2mW/MS/s 的功率，但相比用高速运放来驱动 ADC（例如 ADA4807-1），仍然显著降低了系统功耗。如果需要运放来做信号调理，可以选用低功耗精密放大器，无须过多关注 ADC 的反冲噪声和建立时间，而且允许基于目标信号带宽来设计 RC 滤波器的截止频率。

以 16 位 2MS/s 采样率的 AD4000 为例，图 6-33（a）中是输入电流（Input current）随输入差分

电压（Input differential voltage）变化的特性曲线，在没有使能高阻模式（High-Z disabled）时，特别采样率在 2MS/s 时需要的输入电流明显变大。而使能高阻模式（High-Z enabled）之后，输入电流一直保持在非常低的水平，这意味着对输入端驱动的需求大大降低。图6-33（b）中是不同源阻抗条件下的 THD（总谐波失真）特性曲线，以 500Ω 和 1000Ω 源阻抗为例，在使能高阻模式之后，显然 THD 性能有了明显改善。

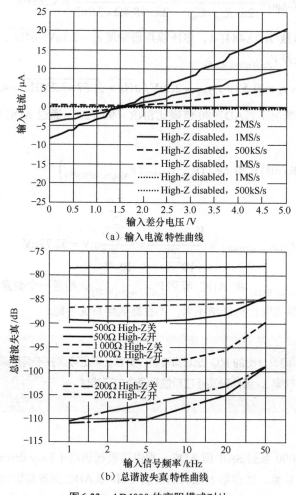

（a）输入电流 特性曲线

（b）总谐波失真 特性曲线

图6-33　AD4000 的高阻模式对比

8. 在线设计工具

为了方便 SAR 型 ADC 驱动设计，ADI 提供了精密 ADC 驱动器工具（Precision ADC driver tool），可以在线进行设计和仿真。以下网页截图基于 2021 年 5 月 ADI 网站，后期可能会有界面的改版和优化。

精密 ADC 驱动器工具设计界面如图6-34 所示，在此页面中完成电路的基本设置：选择 ADC（比如 AD7980），输入采样率（比如 1MS/s）和基准大小（比如 5V）；选择运放（比如 ADA4841-1），设置工作模式（跟随、反相或同相）、增益和供电电压；输入信号的频率（比如 100kHz）及外部 RC 的大小。如果设计初始没有太多经验，可以参考 ADC 数据手册中推荐的运放和 RC 值。

在图6-34所示上方的"Noise & Distortion"图标，即噪声和失真仿真页面，如图6-34所示，在TPD文字区域，系统在这些参数通过ADC和RC的综合作用（尽管是隐含的），信号注入ADC等等。

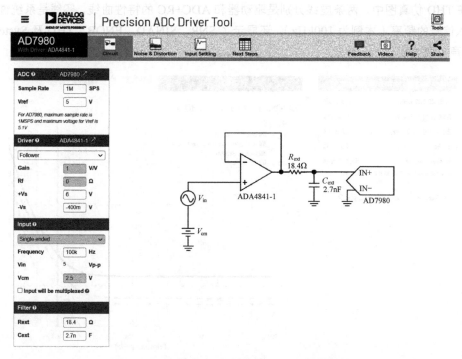

图6-34　ADI 精密 ADC 驱动器工具——基本设置

单击图 6-34 中上方的"Input Settling"图标，切换到建立时间仿真页面，这里提供了输入直流信号（DC Input signal）和交流信号（AC Input signal）两种情况下的结果。以 100kHz 交流信号为例，如图 6-35 所示，采集起始时刻的反冲瞬时压降在 12mV 左右，采集时间结束时建立误差只有 0.04LSB。这意味着 RC 值的选择能够确保 ADC 采样的建立。

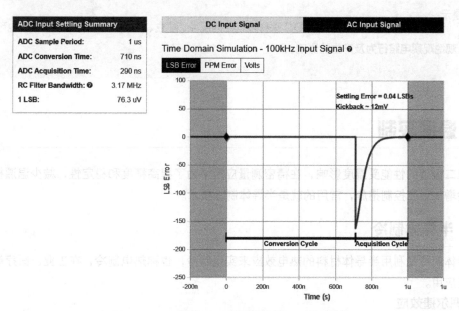

图6-35　ADI 精密 ADC 驱动器工具——建立时间

单击图6-34所示上方的"Noise & Distortion"图标，切换到失真和噪声仿真页面，如图6-36所示。在 THD 仿真图中，两条虚线分别是驱动器和 ADC+RC 的特性曲线，实线是系统性能指标。基于输入信号的频率（本例为100kHz），还显示了 SNR、SINAD、ENOB、THD 及 System Noise（系统噪声）的性能。

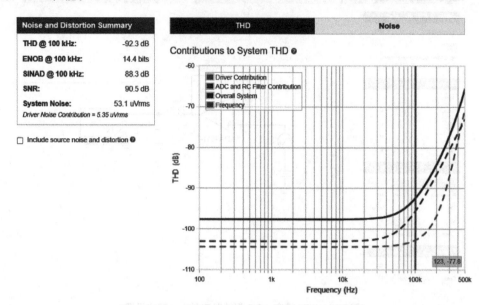

图6-36　ADI 精密 ADC 驱动器工具——THD 和噪声

精密 ADC 驱动器工具中可以更换不同的 ADC 和运放型号，对比仿真结果，选择最佳的方案。如果设计出现潜在问题，工具还会给出告警信息，提示用户调整 RC 值及其他参数。设计完成后，可以下载 LTspice 仿真文件，进一步去分析和验证。

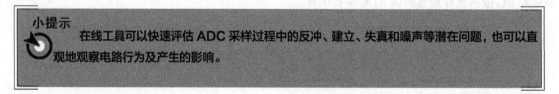

小提示　在线工具可以快速评估 ADC 采样过程中的反冲、建立、失真和噪声等潜在问题，也可以直观地观察电路行为及产生的影响。

6.4　温度控制

光电二极管的性能受温度影响，在精密测量应用中为了提高精度和稳定性，减少温漂校准的工作量，会增加温度控制措施，常用的就是半导体制冷技术。

6.4.1　半导体制冷

半导体制冷是利用半导体材料的热电效应来实现制冷，也称热电制冷，在工业、医疗等领域得到了广泛应用。

1. 佩尔捷效应

1834 年法国科学家 Jean Charles Athanase Peltier 发现，当电流经过两种不同导电材料构成的接点，在接触点处会产生吸收和释放热量的现象，这称为佩尔捷效应（Peltier effect）。纯金属材料的佩尔捷效应太弱，没有实用价值，直到开发出基于碲化铋（ Bi_2Te_3 ）的半导体材料，基于佩尔捷效应的半导体制冷技术才开始实用化。

将 P 型和 N 型半导体材料通过金属片 A、B 连起来，组成一个 P-N 半导体热电偶，如图6-37 所示，对半导体两端施加直流电压，电路中有电流通过，佩尔捷效应的效果是：金属片 A 吸热，温度降低形成冷端；金属片 B 放热，温度升高形成热端，相当于把热量从 A 端转移到 B 端。佩尔捷效应中热量转移的方向与电流方向相关，如果把电流的方向取反，吸热端和放热端也会交换。

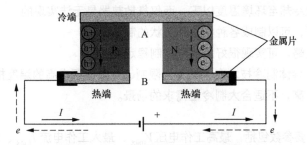

图6-37　P-N 半导体热电偶的佩尔捷效应

图6-37 中电流 I 的方向，如实线箭头所示，外部导线中电子的运动方向与电流方向相反，如图中虚线箭头所示。在 P 型和 N 型半导体材料中，载流子分别是空穴和电子，各自运动的方向如图中虚线所示，都是从 A 到 B 的方向。

> **小提示**
> 　　P-N 半导体热电偶，不要按照半导体 PN 结来理解。P 型和 N 型半导体材料在独立使用时，导电能力比导体差，应该按照电路中的电阻来理解。

2. 半导体制冷器

一个 P-N 半导体热电偶的佩尔捷效应很弱，将数十甚至上百个这样的半导体热电偶连起来，所有的冷端集中在一边，热端集中在另一边，可增强制冷能力。半导体制冷器（Thermo Electric Cooler，TEC）的结构如图6-38 所示，P 型和 N 型半导体材料间隔放置，排成阵列，相邻半导体材料之间用金属片交替连接，上下面用绝缘而且导热良好的绝缘陶瓷板夹起来。

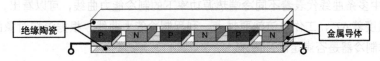

图6-38　半导体制冷器的结构

半导体制冷器中每一对 P-N 半导体热电偶，在电路连接上是串联的（Electrically in series），但从热传递角度来说是并联的（Thermally in parallel）。半导体制冷相当于把热量从一端搬移到另外一端，也被形象地称为热泵（Heat pump）。

图6-38 所示的半导体制冷器是单级（Single stage，或 One-stage）结构，如果将一个制冷器的冷端放在上一级制冷器的热端，将多个单级制冷器层叠起来，这称为多级（Multi-stage）结构，常见的有二级和三级产品，多级制冷器能够实现比单级更大的冷热端温差。

在半导体制冷器的两端施加电压，就会有一端吸热另一端放热，改变电流的方向，冷热端也会切换，因此半导体制冷器既可以用于制冷也可以用于加热。将吸热的一端放到需要降温的环境中，放热的一端借助散热器把转移过来的热量散发出去，这就是半导体制冷的工作原理。

与传统制冷方式相比，半导体制冷技术的主要优点有：

- 不需要制冷剂，无泄漏、无污染，清洁卫生；
- 没有机械运动部件，无振动、无噪声、无磨损，可连续工作；
- 通过控制电流的方向，同一个器件可以实现制冷和加热两种需求；
- 制冷和加热的速度可以通过工作电流大小进行调节，方便灵活；
- 可以将温控对象冷却至环境温度以下，而仅靠散热器是无法实现的；
- 体积小、重量轻，可以制成各种结构和形状的制冷器；
- 借助闭环控制策略，可实现很好的温度控制稳定度。

基于以上优点，半导体制冷技术在空间受到限制、可靠性要求高的温度控制中，得到了广泛应用。但它的制冷效率不高，不适合大制冷量需求的场景。

3. 主要参数

半导体制冷器的主要参数包括：最高工作电压 V_{max}、最大工作电流 I_{max}、最大温差 ΔT_{max}、最大制冷量 Q_{max} 等。

TEC 的冷热端温度分别用 T_c、T_h 表示，保持热端 $T_h = 27℃$ 温度恒定，流过最大工作电流为 I_{max}，如果冷端没有发热源，那 T_c 会降低。但电流通过 TEC 自身的电阻会产生焦耳热，一部分传向冷端，另一部分传向热端，焦耳热效应与佩尔捷效应是相反的。另外冷热端之间的空气和半导体材料也会产生逆向热传递，因此当冷热端温度差达到一定程度后，正向和逆向的热传递相等，达到相对热平衡的状态，冷端温度就不再继续降低，此时 $\Delta T = T_h - T_c$ 就是 TEC 的最大温差 ΔT_{max}。

TEC 从冷端向热端转移热量的能力，称为制冷量、制冷功率或产冷量，一般用符号 Q_c 来表示，单位为瓦（W）。在最大工作电流 I_{max} 条件下，保持热端 $T_h = 27℃$ 温度恒定，向冷端不断输入热量，冷端温度 T_c 会逐渐升高，当冷热端温度差 $\Delta T = 0$ 时，就达到 TEC 的最大制冷量 Q_{max}。制冷量 Q_c 与工作电流、热端温度、冷热端温差等参数相关，制冷能力一般会以曲线的形式给出。

以 II-IV Marlow 公司的 TEC RC12-2.5 为例，参数如图6-39（a）所示。在热端 27℃ 条件下：最高工作电压 $V_{max} = 14.7V$，最大工作电流 $I_{max} = 2.5A$，最大制冷量 $Q_{max} = 23W$，最大温差 $\Delta T_{max} = 66℃$。为了避免空气热传导影响制冷性能，测试时需要在充满氮气（Nitrogen）的环境中。

图6-39（b）中是 TEC 在热端 27℃ 条件下制冷能力曲线，横轴是工作电流，左侧纵轴是冷热端温度差 ΔT，图中多条曲线代表着不同冷端热源功率下的制冷能力曲线，可以看出，热源功率越大，要实现相同的温度差 ΔT，工作电流就要越大。利用制冷能力曲线，根据温控对象的发热功率，就可以判断半导体制冷器是否满足制冷需求。

II-VI MARLOW

RC12-2.5

热端温度 /℃:	27	50
最大温差 /℃:	66	74
最大制冷量 /W:	23	26
最大工作电流 /A:	2.5	2.5
最高工作电压 /V:	14.7	16.4

（a）主要参数

图6-39　II-IV Marlow TEC RC12-2.5 参数

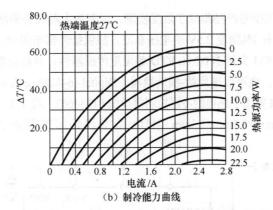

（b）制冷能力曲线

图 6-39　II-IV Marlow TEC RC12-2.5 参数（续）

观察 TEC 的制冷能力曲线，电流较小时，随着工作电流的增大，制冷能力也在增加，曲线大致呈线性关系。但 TEC 自身电阻产生的焦耳热与工作电流的平方呈正相关，因此工作电流较大时，曲线会变平甚至下降。

6.4.2　TEC 控制器

TEC 控制器（TEC Controller）除了向半导体制冷器提供电源驱动，还有电压电流限值、状态监控、温度检测、闭环控制等辅助功能。采用 TEC 控制器能够简化电路设计，节省尺寸，实现良好的温控精度和稳定性。

1. 应用

半导体制冷的应用示意如图 6-40 所示，冷端紧贴温控对象，保证热传导良好，热端增加散热片，将转移过来的热量及时散发出去。通过温度传感器检测温控对象温度，与目标温度进行对比，决定是制冷还是加热，由 TEC 控制器向 TEC 提供驱动电压电流。

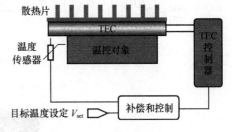

图 6-40　半导体制冷应用示意

由于系统具有热惯性，从 TEC 控制器改变了电压，到温控对象的温度发生改变，这需要一段反应时间，为了避免温度的振荡和过冲，通常采用闭环负反馈温控电路，增加补偿和控制电路。

2. ADN883x 系列

ADN883x 系列产品是 ADI 推出的单芯片 TEC 控制器，表 6-2 中列出了主要型号和功能参数对比。

表 6-2　ADN883x 系列产品

参数	ADN8831	ADN8833	ADN8834	ADN8835
FETs	外置	内置	内置	内置
最大电流	—	1.0 A	1.5 A	3.0 A
TEC 电流检测	外部	内部	内部	内部
PWM 频率	1MHz	2MHz	2MHz	2MHz
PID 控制模式	模拟或数字	数字	模拟或数字	模拟或数字
封装	LFCSP 5mm×5mm	LFCSP 4mm×4mm WLCSP 2.5mm×2.5mm	LFCSP 4mm×4mm WLCSP 2.5mm×2.5mm	LFCSP 6mm×6mm

　　以 ADN8834 为例，该型号产品集成了温度检测、误差放大器和补偿器、TEC 驱动、电压电流限值及监控电路等功能，还有 1% 精度 2.5V 的电压基准，提供给外部电阻分压网络做偏置，应用电路如图 6-41（a）所示。ADN8834 支持 NTC 和 RTD 等温度传感器件，目标温度通过一个模拟电压值进行设定，可以采用电阻分压，也可以采用数-模转换器（Digital-to-Analog Converter，DAC）来提供。

　　随着技术的发展，ADI 推出了热电制冷器控制器模块 LTM4663，将 TEC 控制器和外围电阻、电容、电感等器件集成到一个 4.0mm×3.5mm×1.3mm 的模块中，体积更小，使用更加方便，如图 6-41（b）所示。

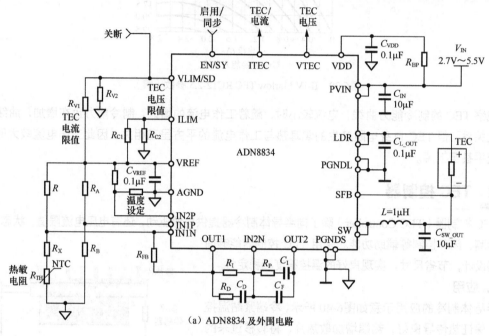

（a）ADN8834 及外围电路

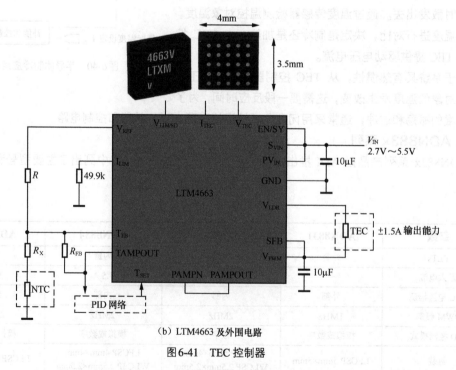

（b）LTM4663 及外围电路

图 6-41　TEC 控制器

3. TEC 驱动

半导体制冷器 TEC 工作在制冷还是加热，以及制冷加热的速度，是由电流的方向和大小来决定的，这要求 TEC 驱动器除了能够改变 TEC 两端电压的方向，还要能控制电压的大小。ADN8834 内部集成了 H 桥电路，把 TEC 摆在中间，通过调整两端电压的大小，就能在单电源供电系统中实现 TEC 的正负电源驱动。

驱动电压如果采用线性模式，实现简单但是效率低；如果采用开关模式，有良好的效率但需要额外的滤波电感电容。ADN8834 采用混合配置，由一个线性功率级和一个脉冲宽度调制（PWM）开关功率级组成，通过高效率 H 桥单电感架构，将体积较大的滤波元件数量减半，提高效率的同时也降低了噪声，实现了温度控制系统的小型化，应用图如图 6-42 所示。

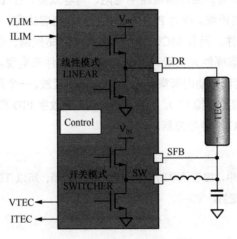

图 6-42　ADN8834 的 TEC 驱动

ADN8834 的 VLIM 和 ILIM 引脚用于设定最高工作电压和最大工作电流，保护 TEC 不受伤害，而且制冷和加热模式下的限值可以分别进行设定。TEC 工作时的电压和电流通过 VTEC 和 ITEC 两个引脚输出，因此在外部也能监控 TEC 的状态。

4. PID 控制

从温度传感器到 TEC 控制器的通路也称为热反馈环路（Thermal feedback loop），环路中传递的是电压信号，但代表的是温度信息。为了实现良好的温控稳定性，环路中一般都采用 PID（比例-积分-微分）控制策略。比例 P、积分 I、微分 D 这 3 个参数的确定，称为 PID 的参数整定，是控制环路的关键所在。

P 是比例（Proportional）单元，反映系统偏差的大小，比例系数 K_p 决定了比例作用的强弱，增大 K_p 使系统反应灵敏，调节速度加快，但过大又会导致系统不稳定。I 是积分（Integral）单元，是系统偏差在时间上的累积。积分控制可以消除系统稳态误差，但存在响应不及时的缺点。D 是微分（Differential）单元，反映系统偏差变化的趋势和速率，可以提前给出相应的调节动作，缩短调节时间，克服积分作用控制滞后的缺陷。

PID 控制策略的实现，常见的有模拟 PID（Analog PID）和数字 PID（Digital PID）两种。模拟 PID 由运放、电阻和电容组成，外部只需要提供温度设定电压 V_{set}，由硬件电路来控制 TEC 驱动器，如图 6-43（a）所示。数字 PID 通过 ADC（模-数转换器）采集温度传感器的电压，MCU 微处理器内部运行 PID 算法，再通过 DAC（数-模转换器）输出一个电压来控制 TEC 控制器，如图 6-43（b）所示。

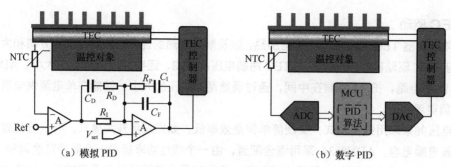

（a）模拟 PID　　　　　　　　　　　　　（b）数字 PID

图 6-43　PID 控制模式

模拟 PID 不需要 MCU 参与，但外围电路中电阻、电容众多，在 TEC 控制器封装已经很小的情况下，可能会造成布局布线的困难。而且 PID 参数由电阻、电容决定，一旦确定无法更改。数字 PID 需要 ADC 和 DAC 等外围器件，而且 MCU 软件也要参与环路控制，但可以根据工作条件灵活修改参数。简单来说，模拟 PID 靠硬件来实现，而数字 PID 靠软件来实现。

ADN8834 的模拟 PID 实现借助内部集成的两个自稳零运放，一个用于将温控对象的温度信息转化为电压信号，另一个用于构建模拟 PID。ADN8834 也支持数字 PID 模式，此时不再使用内部运放，但需要外部添加 ADC 和 DAC 来参与控制。

> **小提示**
> 半导体制冷应用中，由于很难对热环路进行数学建模，所以 TEC 的 PID 参数整定一般是通过试验的方法来确定的。

参考文献

[1] 周秀云，张涛，尹伯彪，等. 光电检测技术及应用（第 2 版）[M]. 北京：电子工业出版社，2015.

[2] 汪贵华. 光电子器件（第 2 版）[M]. 北京：国防工业出版社，2014.

[3] 顾济华，吴丹，周皓. 光电子技术[M]. 苏州：苏州大学出版社，2018.

[4] 杨应平，胡昌奎，胡靖华. 光电技术[M]. 北京：机械工业出版社，2014.

[5] 周雅，胡摇，董立泉，等. 光电测控系统设计与实践[M]. 北京：电子工业出版社，2017.

[6] 徐贵力，陈智军，郭瑞鹏，等. 光电检测技术与系统设计[M]. 北京：国防工业出版社，2013.

[7] (美) Jerald Graeme，赖康生，许祖茂，王晓旭 译. 光电二极管及其放大电路设计[M]. 北京：科学出版社，2012.

[8] Analog Devices, Inc. AN-1264: Precision Signal Conditioning for High Resolution Industrial Applications[EB]. 2013.

[9] Analog Devices, Inc. AN-1026: High Speed Differential ADC Driver Design Considerations[EB]. 2009.

[10] Analog Devices, Inc. AN-1404: Simplifying Fully Differential Amplifier System Design with the DiffAmpCalc[EB]. 2016.

[11] Analog Devices, Inc. AN-1373: ADA4530-1 Femtoampere Level Input Bias Current Measurement[EB]. 2015.

[12] Analog Devices, Inc. AN-1120: Noise Sources in Low Dropout (LDO) Regulators[EB]. 2011.

[13] Analog Devices, Inc. AN92 - Bias Voltage and Current Sense Circuits for Avalanche Photodiodes[EB]. 2002.

[14] Analog Devices, Inc. Glen Brisebois. DN399 - Low Noise Amplifiers for Small and Large Area Photodiodes[EB]. 2006.

[15] Analog Devices, Inc. MS-2066: Low Noise Signal Conditioning for Sensor-Based Circuits[EB]. 2010.

[16] Analog Devices, Inc. MS-2022: Seven Steps to Successful Analog-to-Digital Signal Conversion (Noise Calculation for Proper Signal Conditioning)[EB]. 2011.

[17] Analog Devices, Inc. MS-2624: Optimizing Precision Photodiode Sensor Circuit Design[EB]. 2014.

[18] Analog Devices, Inc. MT-049: Op Amp Total Output Noise Calculations for Single-Pole System[EB]. 2008.

[19] Analog Devices, Inc. MT-035: Op Amp Inputs, Outputs, Single-Supply, and Rail-to-Rail Issues[EB]. 2008.

[20] Analog Devices, Inc. MT-034: Current Feedback (CFB) Op Amps[EB]. 2008.

[21] Analog Devices, Inc. MT-048: Op Amp Noise Relationships: 1/f Noise, RMS Noise, and Equivalent Noise Bandwidth[EB]. 2008.

[22] Analog Devices, Inc. MT-075: Differential Drivers for High Speed ADCs Overview[EB]. 2008.

[23] Analog Devices, Inc. MT-077: Log Amp Basics[EB]. 2008.

[24] Analog Devices, Inc. MT-088: Analog Switches and Multiplexers[EB]. 2008.

[25] Analog Devices, Inc. Analog-Programmable-Gain Transimpedance Amplifiers Maximize Dynamic Range in Spectroscopy Systems[J]. 2013.

[26] Walsh A. Front-End Amplifier and RC Filter Design for a Precision SAR Analog-to-Digital Converter[J]. 2013.

[27] Xie B S. Practical Filter Design Challenges and Considerations for Precision ADCs [J]. 2016.

[28] Orozco B L. Synchronous Detectors Facilitate Precision Low-Level Measurements[J]. 2014.

[29] Harrington B. Low-Power Synchronous Demodulator Design Considerations [J]. 2015.

致　谢

　　本书编写过程中，笔者得到了 ADI 许多工程师的大力帮助，北京的郭剑、李凯、解树春，上海的宁强、代雪松、罗志龙、叶健，南京的石海庆，杭州的赵毅屹，都对本书内容提出了宝贵的建议。

　　感谢 ADI 技术部门的刘泊峰，ADI 销售部门的曾浩岳、孙瑜和 ADI 市场部门的严峥、赵婵洁、洪磊等，他们的帮助让本书得以早日问世。

　　感谢人民邮电出版社的编辑，在本书出版过程中给予的指导和评审意见。

　　特别感谢家人的支持，他们的陪伴、鼓励与付出，让我能够安心写作，顺利完成本书内容。

　　本书中引用了 Hamamatsu 滨松公司、First Sensor 公司、LASER COMPONENTS 公司、II-IV Marlow 公司产品数据手册中的参数表及附图，在此表示感谢。